作者马新立(前排中)与赴英种菜专家黎地(前排右)参观指导番茄脱叶囤果(蔺管文摄)

标准两膜一苫拱棚

标准生态温室(不需加温)栽培茄子,春节前后上市

大暖窖温室(华北地区不加温) 栽培甘蓝，春节前后上市

黄瓜标准株形特征

番茄标准株形特征

2

番茄合理稀植，茎秆壮，叶幅宽

番茄合理稀植，果实大，产量高

西葫芦合理稀植丰
产型群体株型特征

3

番茄施用植物诱导剂，根多株壮（右）

番茄垄行距过宽、
株距过窄，植株
营养面积过小

黄瓜密植缺碳,叶
旺瓜少，产量低

4

高湿磷丰，疏果不及时，夜温高，引起番茄茎节长、果小

氮多缺钾、铜引起番茄筋腐果

氮足缺钾引起番茄青面果

5

冲施氮素化肥过多造
成番茄秧氨害枯死

氮、磷过多引起钾、
镁吸收障碍发生番
茄僵化叶

番茄氮足缺钾
造成叶旺果小

6

黄瓜苗期氮害
造成畸形茎

土壤浓度大、低温、缺
硅引起黄瓜煤污病叶

土壤浓度过大引起黄
瓜蔓茎基脱水皱缩

土壤浓度过大引起黄瓜
铁吸收障碍造成叶黄化

施氮、磷肥过多
引起黄瓜锌吸收
障碍造成老化叶

施氮、磷过多造成
黄瓜僵叶镶金边

低温磷多引起
黄瓜瓜打顶

缺碳、钾茄果（上）与不
缺碳、钾茄果（下）对比

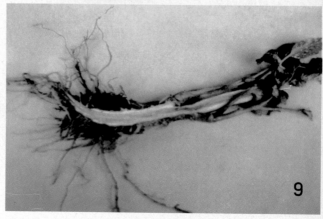

番茄低温、缺
硼引起空秆茎

9

番茄磷多缺
钙引起裂果

茄子硼中毒叶

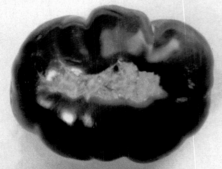

茄子氮多缺硼果

10

番茄缺碳、钾引起疫病果

番茄缺碳、钾引
起干瘦叶和小果

高湿、低温、缺铜引
起黄瓜细菌性角斑病

11

高湿、低温、缺铜
引起黄瓜圆斑病叶

高湿、高温、缺钾引起
黄瓜真菌性霜霉病叶

番茄氮足营养生长过旺

12

番茄施用2,4-D浓度过大造成尖果

黄瓜栽植过密造成植株过旺

高温强光引起黄瓜多雄花少雌花

13

水分足、夜温高引
起番茄"饿长秧"

黄瓜根系浅和高温氨
害引起叶秆脱水枯死

土壤透气性差造成黄瓜浅小根

14

茄子高温脱水造
成钙、硼吸收障碍
导致上端叶卷枯

高温干旱时熏烟造成
番茄叶肉白化和褐腐

高温、缺硼、根浅引起
番茄叶脉皱缩、叶下垂

15

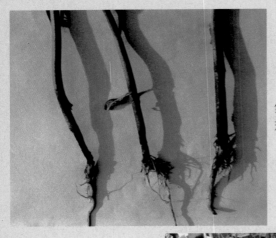

氮、磷肥害引起番
茄茎秆皱腐枯死

高温强光引起黄瓜缺
硼导致瓜弯、棱深

磷丰果多不及时疏
摘引起的瓜打顶

温室种菜技术正误 100 题

马新立 著

金盾出版社

内 容 提 要

本书由国家有机蔬菜标准化示范县——山西省新绛县高级农艺师、北京市《蔬菜》杂志科技顾问、山西省10佳科技富民专家马新立著。作者将其长期潜心研究蔬菜栽培的创造性成果概括归纳为蔬菜12生态平衡管理、低投入高产出操作技术、低成本高效益营养运筹、蔬菜栽培疑难解决技术4个方面100个问题,采取正误对比的叙述方式,作了全面具体、重点突出、深入浅出的介绍,针对性、先进性和可操作性强,对科学节支、利用自然能和物质,实现蔬菜优质高产具有重要指导作用。适合广大菜农、蔬菜基地生产人员和基层农业科技人员阅读,对农业院校有关专业师生和科研院所有关研究人员亦有重要启迪和参考作用。

图书在版编目(CIP)数据

温室种菜技术正误100题/马新立著. —北京:金盾出版社,2007.7

ISBN 978-7-5082-4531-7

Ⅰ. 温… Ⅱ. 马… Ⅲ. 蔬菜-温室栽培 Ⅳ. S626.5

中国版本图书馆 CIP 数据核字(2007)第 042883 号

金盾出版社出版、总发行

北京太平路5号(地铁万寿路站往南)

邮政编码:100036 电话:68214039 83219215

传真:68276683 网址:www.jdcbs.cn

彩色印刷:北京精美彩印有限公司

黑白印刷:北京金盾印刷厂

装订:永胜装订厂

各地新华书店经销

开本:787×1092 1/32 印张:7 彩页:16 字数:142千字

2010年2月第1版第5次印刷

印数:40001—51000册 定价:13.00元

(凡购买金盾出版社的图书,如有缺页、
倒页、脱页者,本社发行部负责调换)

前　言

　　蔬菜生态环境的优劣决定蔬菜产品的品质和数量。蔬菜优质高产的栽培过程,就是不断改变生产中的不良生态环境,解决生产中存在的问题,充分利用自然能和物质,通过改善环境条件对植物内在活动变化进行平衡与失衡的动静调整,起到解症促长的作用,最后实现蔬菜优质高产高效的目的。

　　长期以来,我国蔬菜生态管理意识淡薄,从总体上看,科学种菜的水平不高,无公害蔬菜生产尚未达到普及的水平,蔬菜生产水平不平衡,投入产出比值低,还处于低水平循环的生产技术状况。很多农民渴望种菜致富,但缺乏科学知识和技术,仍沿袭传统的习惯做法,譬如,对蔬菜发生病虫害往往是单纯依靠施用化学农药予以防治;对蔬菜发生的生理障碍往往一味依靠施用化肥予以补救,这种凭"经验"盲目种菜的做法,常陷入高投入、低产出的怪圈,结果是花了钱费了力,蔬菜产量仍上不去,蔬菜越种越难种,产量和效益徘徊,难以大幅度提高。

　　笔者从 1996 年开始,从作物生理要求、蔬菜生态环境和生态栽培管理及具体措施入手,探索如何使蔬菜获得优质高产的"门道",经过长达 10 年的研究和反复实践,终于总结出 12 个生态平衡的蔬菜栽培理论,把传统认为作物所需的氮、磷、钾三大元素纠正为碳、氢、氧,把传统认为的作物生长靠太阳(光合作用)纠正为主要靠有益 EM 菌,把加温温室改为无须加温的鸟翼形生态温室,并按照这些理论和做法去指导菜农种菜,取得了增产增收的效果,受到广大菜农的欢迎。不少单位邀请笔者去讲课和指导,由于时间有限,很难满足广大农民朋友的要求。为了把本人总结的蔬菜栽培理论和技术奉献给广大农民朋友,笔者应金盾出版社之约编著了本书,将多年来探索到的蔬菜栽培理论、技术和经验梳理归纳为12生态平衡管理、低投入高产出操作技术、低成本高效益营养运筹、蔬菜栽培疑难解决技术4个方面100题,采取农民朋友最容易理解的正确做法与错误做法对照叙述的方式,通俗简练地进行介绍。

　　本书经中国农业科学院蔬菜花卉研究所副所长孙日飞博士审阅指正。他认为,新绛县为全国绿色蔬菜食品发展摸索出了实践根据和技术数据。在此谨表衷心谢意。

　　由于笔者水平有限,加之笔者所总结的理论和技术仍有待提炼和予以更科学的表述,书中粗疏、不妥甚至错误之处在所难免,敬祈各位同行、专家和广大读者教正。

马新立
2007 年 5 月

作者通信地址:山西省新绛县人大常委会
邮编:043100　电话:(0359)7600622

目 录

一、蔬菜 12 生态平衡管理技术……………………… (1)

  1. 环境平衡 …………………………………………… (2)

  2. 土壤平衡 …………………………………………… (6)

  3. 营养平衡 …………………………………………… (7)

  4. 水分平衡 ……………………………………………(10)

  5. 种子平衡 ……………………………………………(11)

  6. 密度与整枝平衡 ……………………………………(11)

  7. 温度平衡 ……………………………………………(13)

  8. 光照平衡 ……………………………………………(14)

  9. 气体平衡 ……………………………………………(15)

  10. 用药平衡 …………………………………………(16)

  11. 地上部与地下部平衡 ……………………………(19)

  12. 营养生长与生殖生长平衡 ………………………(22)

二、蔬菜低投入高产出操作技术……………………(24)

  13. 番茄栽培 …………………………………………(24)

  14. 茄子栽培 …………………………………………(29)

  15. 辣椒栽培 …………………………………………(34)

  16. 黄瓜栽培 …………………………………………(37)

  17. 西葫芦栽培 ………………………………………(42)

  18. 冬瓜栽培 …………………………………………(46)

  19. 莲藕栽培 …………………………………………(51)

  20. 香菇栽培 …………………………………………(54)

21. 甘蓝栽培 …………………………………………… (56)

22. 韭菜栽培 …………………………………………… (60)

23. 芦笋栽培 …………………………………………… (64)

24. 菜豆栽培 …………………………………………… (68)

三、蔬菜低成本高效益营养运筹技术……………………… (73)

25. 蔬菜生态平衡施肥 ………………………………… (73)

26. 温室菜地营养生态特点和肥源因素 ……………… (75)

27. 17 种营养元素对蔬菜解症增产的作用 ………… (76)

28. 秸秆中的碳元素对蔬菜的增产作用 ……………… (78)

29. 秸秆的施用 ………………………………………… (80)

30. 腐殖酸对蔬菜持效高产的科学依据 ……………… (81)

31. BIO-G(百奥吉)复合微生物菌剂的作用 ……… (84)

32. 有益菌对有机质的分解作用及对蔬菜的增产

    效应 ……………………………………………… (87)

33. 复合微生物菌肥的制作 …………………………… (90)

34. 有益菌的施用 ……………………………………… (92)

35. 利用豆类根瘤菌节支增产的方法 ………………… (94)

36. 植物诱导剂(氢、氧)对蔬菜抗病增产的原理

    …………………………………………………… (95)

37. 植物诱导剂施用方法 ……………………………… (99)

38. 钾对平衡蔬菜田营养的增产作用 ……………… (104)

39. 把握钾肥的用量与效果 ………………………… (106)

40. 有机生物钾对蔬菜的增产作用 ………………… (108)

41. 有机蔬菜施肥技术 ……………………………… (109)

42. 营养元素间互助与阻碍吸收对蔬菜生长的影响

    …………………………………………………… (112)

43. 氮对蔬菜生长的影响 …………………………… (114)

44. 磷对蔬菜生长的影响 ……………………… (116)

45. 钙对蔬菜的抗病增产作用 ……………… (119)

46. 镁对蔬菜的增强光合作用 ……………… (121)

47. 硫在蔬菜生长中的作用 ………………… (123)

48. 锰对蔬菜的抗病和授粉作用 …………… (125)

49. 锌对平衡菜田营养的解症作用 ………… (127)

50. 铁在蔬菜生长中的作用 ………………… (128)

51. 钼对蔬菜的抗旱促长作用 ……………… (130)

52. 氯对蔬菜的抗倒伏作用 ………………… (131)

53. 铜对防治蔬菜死秧的作用 ……………… (132)

54. 硼对蔬菜的提质增产作用 ……………… (133)

55. 硅在蔬菜生长中的抗逆抑虫作用 ……… (136)

56. 归还性土壤植物营养素——赛众 28 的作用

…………………………………………… (137)

四、蔬菜栽培疑难解决技术 ………………… (139)

57. 鸟翼形长后坡矮后墙生态温室建造 …… (139)

58. 无支柱暖窖的建造与应用 ……………… (142)

59. 三膜一苦双层气囊式鸟翼形大棚的建造与应用

…………………………………………… (145)

60. 蔬菜覆盖紫光膜技术 …………………… (146)

61. 蔬菜管理九项技术 ……………………… (148)

62. 有机蔬菜的防病技术要点 ……………… (151)

63. CM 菌的施用 …………………………… (153)

64. 绿色蔬菜细菌性病害防治技术 ………… (154)

65. 蔬菜土传菌病害防治技术 ……………… (156)

66. 蔬菜真菌性病害防治技术 ……………… (159)

67. 蔬菜病毒病与茶黄螨防治技术 ………… (162)

68. 生理性病害防治技术 ……………………………… (163)

69. 蔬菜生理性病害化瓜烂果防治技术 ………… (164)

70. 连阴雨天防止番茄弱蕾无果花序技术 ……… (165)

71. 西葫芦开花不结瓜防治技术 ………………… (166)

72. 茄果类蔬菜僵果防治技术 …………………… (167)

73. 早熟春甘蓝未熟抽薹防治技术 ……………… (169)

74. 蔬菜茎蔓徒长防治技术 ……………………… (171)

75. 蔬菜气害防治技术 …………………………… (172)

76. 蔬菜冻害防治技术 …………………………… (173)

77. 蔬菜热害闪秧防治技术 ……………………… (176)

78. 草木灰防病避虫技术 ………………………… (177)

79. 蔬菜重茬连作技术 …………………………… (177)

80. 石灰氮防治地下害虫技术 …………………… (179)

81. 植物 DNA 修复剂对蔬菜的愈伤增产作用…… (179)

82. 茄子绵疫病烂果防治技术 …………………… (181)

83. 蔬菜菌核病防治技术 ………………………… (182)

84. 番茄溃疡病防治技术 ………………………… (182)

85. 番茄晚疫病防治技术 ………………………… (183)

86. 蔬菜幼苗猝倒病防治技术 …………………… (183)

87. 斑枯病与锈病防治技术 ……………………… (184)

88. 蔬菜 2,4-D 伤害防治技术 …………………… (184)

89. 茄子黄萎病、辣椒疫病、番茄青枯病(死秧)防治

    技术 ………………………………………… (184)

90. 辣椒僵果防治技术 …………………………… (185)

91. 黄瓜瓜打顶防治技术 ………………………… (186)

92. 延秋番茄脱叶囤果高产技术 ………………… (186)

93. 番茄画面果防治技术 ………………………… (187)

94. 黄瓜秧根浅引起急性脱水枯死防治技术 …… （188）

95. 蔬菜根腐病防治技术 ……………………… （188）

96. 黄瓜真菌、细菌病防治技术 ……………… （189）

97. 根结线虫防治技术 ………………………… （190）

98. 白粉虱防治技术 …………………………… （190）

99. 斑潜蝇防治技术 …………………………… （191）

100. 蓟马防治技术 …………………………… （192）

附录………………………………………………… （193）

　　附表 1　有机肥中的碳、氮、磷、钾含量速查表 …… （193）

　　附表 2　品牌钾对蔬菜的投入产出估算表 ……… （195）

一、蔬菜12生态平衡管理技术

利用当地自然环境,根据蔬菜生物学特性,用现代技术和物资创造生态小环境,对蔬菜作物进行平衡管理,取得优质高产的无公害产品,是蔬菜科学生产和科学管理的中心和目的。

从植物生理的角度来说,蔬菜植株体在不适环境或在有生物侵害的条件下生长发育,新陈代谢就会紊乱,内部生理和外形产品生长发生异常变化而不平衡,成为病态。蔬菜的抗病抗逆高产,在于能维持机体运行的平衡,因此才能提高生长速度和免疫功能,延长生长期,取得最佳产量和效益。

蔬菜生产管理平衡理论是从实践中总结出来的。首先,平衡理论就是把蔬菜植株的根、茎、叶、花、果等器官与外界环境视为一个整体,它们之间有相生相克、相依相助的关系,要求环境和作物、器官与器官之间首先要保持相对的平衡;其次,须打破平衡,通过调整寻求建立新的平衡,使作物生长向着人们期望的方向发展。蔬菜生长科学管理要求必须调整植株与外界环境的平衡、体内营养和生理活动的平衡,以最小的投入获取最优的品质和最好的效益。

从蔬菜作物营养角度来说,真菌、细菌、病毒造成的病害都是由于蔬菜缺乏某种营养元素而引起的生理失衡。譬如:光照不平衡,过弱易染细菌、真菌病害;过强易染病毒性和生理性病害;温度不平衡,过高易徒长或老化,过低将沤根或僵化;水分不平衡,过多易染病,过少会矮化不长,将导致营养吸收失衡而出现病症;肥料不平衡,过少营养不良、产量低,过多植物体水分出现反渗透而不长。某种营养成分过多都会抑制某些其他元素的吸收,造成缺素症而减产。此外,还有生理的

— 1 —

不平衡,营养的不平衡,地上部和地下部的不平衡,生殖生长和营养生长的不平衡等。作物生长的暂时不平衡,是植物生育从一个状态向另一个状态的转换期造成的,这是正常的。但是生长的长期不平衡就是病态,而非正常状态。

蔬菜作物的生长在于平衡,有 3 个含义:一是生长在于相对平衡,促使作物向着有利于出产品、出效益的方向发展;二是生长在于寻找平衡,对失衡的偏长和徒长进行纠正;三是生长在于打破平衡,将长期过于平衡而不长的僵秧、僵果打破。平衡和不平衡是不断交替运行的过程,作物每时每刻都在生长,就是不断打破平衡和维持平衡的过程。按照这个观念实施管理就是符合作物生长规律的科学管理技术。它所涉及的具体内容可以概括为如下 12 个平衡。

1. 环境平衡

(1) 错误做法

2004 年,河北省定州市种植的 550 公顷韭菜。一味注重施氮、磷化肥,忽视鸡粪、牛粪和腐殖酸碳素肥的降盐解碱作用和生态平衡的保护设施,造成有机磷超标 3 倍,破坏了环境平衡,结果生产的蔬菜无人问津,带来严重损失。

(2) 正确做法

作物健壮的生长必须与周围的环境保持平衡。蔬菜作物与自然失衡,就会生病或死亡,所以要根据当地当时的自然条件,创造一个适合和满足蔬菜生长需要的环境,才能达到高产优质高效的目的。晋、冀、鲁、陕南地区蔬菜高产优质最佳的月份是 3～5 月和 9～11 月,此期是水、肥、气、热等因素综合作用最佳时期,尤其是在 3～4 月份,蔬菜市场价高达每千克 2～6 元,温室茄子生长每 4 天可采摘一茬,每 667 平方米每次可收获300～500千克,收入1 000余元。如果把其他月份也创造成这几个月的良好环境,1年每667平方米可产蔬菜2.5万～4万千克,是完全可以办到的。

在晋、冀、鲁南及黄淮流域发展蔬菜生产,投资少、产量高、品质好、见效快。其原因是该地区天高气爽,四季分明,昼夜温差适中,无霜期较长,阳光充足,有利于蔬菜的营养积累和产品形成。可选择长后坡矮后墙生态温室(即后墙高1.5米,厚1米,后屋深1.6米,跨度7.2～8米,高度2.9米,长度50～70米,前沿内切角30°),3～5月3个月份,每667平方米可生产茄子8 000～10 000千克。东北地区气温低,无霜期短,且适宜蔬菜生长的天数短,可将温室墙加厚到1.2～1.5米,跨度缩小到5～6.5米,在5～8月份可取得高产量。1年种1茬,弱光期、低温期可加温补光生产,投入产出比较小,但市场价格高,也有生产优势。华南地区阴雨天多,湿度大,光线弱,故病害多而重,昼夜温差小,蔬菜长不大,必须创造一个晴朗干燥环境,才能使蔬菜正常生产。

农产品生产良好环境技术操作内容与标准的要求如下:

一是大气要符合国家标准GB 3095—1996中的二级执行标准和GB 9137的规定,即二氧化碳达300毫克/千克,一氧化碳、氨气日平均在4毫克/立方米以下。二氧化硫0.05毫克/立方米以下,氢氧化物在0.1毫克/立方米以下,氯乙烯、氟化物日平均在3.5毫克/立方米以下,酸类物质在0.05毫克/立方米以下,总悬浮颗粒物和光化学氧化剂每小时平均在0.12毫克/立方米以下。生产基地应远离公路交通主干线和化学污染工厂区、生活垃圾场,有天然缓冲带和天敌栖息场所。

二是土壤环境质量要符合GB 15618—1995中的二级标准和中华人民共和国行业标准NY 5010—2001。土壤中氯、

六六六、滴滴涕等污染物不大于 0.1 毫克/吨。蔬菜田有机质含量在 3%左右,土壤含氧量在 19%左右,pH 5.8～8。注重施 EM、CM、AM 等有益菌,如亿安神力固体。每 667 平方米基施 50～75 千克,地力旺 10～20 千克,全粕菌肥 50 千克,液体 CM 0.5～1 千克,EM 1～2 千克,每作施 2～6 次。土壤持水量达 60%～75%。连作三茬以上。土传病严重的地块,定植前 15 天每 667 平方米冲施 2 千克硫酸铜进行消毒,防治疫病、青枯病、黄萎病、枯萎病、疫病等引起的死秧。土壤电导度 EC 值,河滩沙土区域为 0.6～1.1,壤质土区域为 1.5～2。

三是水质要符合 GB 5084 关于灌溉用水的规定和 GB 5749 关于水源水质的要求。土质中、灌浇水中镉含量在 0.05 毫克/吨以内,铅在 0.1 毫克/吨以内,硫酸盐在 250 毫克/吨以内,砷在 0.05 毫克/吨以内,汞在 0.001 毫克/吨以内,铝、六价铬在 0.05 毫克/吨以内,氯化物在 1 毫克/吨以内,氟化物在 2 毫克/吨以内,氰化物在 0.05 毫克/吨以内,铜在 60 毫克/吨以内,汾河两岸盐碱地总硬度在 1 500 毫克/吨以内,南梁北山区域在 1 000 毫克/吨以内,粪大肠菌在个/100 毫克以内,水质 EC 1.6～2,20 余个有害金属不超标。

四是用药要符合 NY/T 394—2000《绿色食品农药使用准则》标准,准用有益微生物农药,如 BT、农大哥、齐螨素等;中草药农药,如植物诱导剂;营养素,如传导剂等;矿物元素防病解症物质。禁用一切化学农药、除草剂、生长调节剂、添加剂和城市污染物、医院粪便等以及化工工业垃圾。可用未经禁止的物质处理种子。允许用石灰、硫酸铜制剂,锌、锰等营养制剂,软皂、牛奶品、醋品、植物制剂、明胶、硫黄、硅藻土、氯化钙、石英粉、石蜡油等防治病虫害。

五是肥料要符合 NY/T 393—2000《绿色食品肥料使用

— 4 —

准则》标准。碳、氮比为 30：1，以鸡粪、牛粪和腐殖酸碳素肥为主，氮以生物空气氮为主。只准用含碳、氮的粪肥，如畜禽粪含碳 25% 左右，鸡粪含氮 1.63%，含磷 1.5%，钾 0.85%。干秸秆含碳 45% 左右，含氮 0.45%，含磷 0.22%，含钾 0.5%，堆积秸秆含量少 1/2 左右。

准用腐殖酸肥、草木灰、绿肥、矿粉、天然硫黄、石膏、石灰等，不准用化学合成氮肥，如硝铵、尿素、三元素化学复合肥等。只准用矿物质磷粉、生物或物理风化制成的复混肥，如粗过磷酸钙、赛众 28、解磷固氮有益微生物制剂等，不准用化学合成磷肥，如硝酸磷、磷酸二铵、三元素复合肥等。准用和限用各种类型的生物钾肥等，大力应用解钾微生物肥如 CM 亿安神力、EM 地力旺等，以吸收大气中的自然氮（含量71.3%）和二氧化碳（300 毫克/千克），供蔬菜均衡利用。经常施用有益生物剂，可吸纳和满足作物对氮的需求量的50%～70%。如果有充分的有机质肥和矿物元素，可完全满足钾以外的其他元素的供应。其用肥公式为：有机蔬菜＝有机肥＋微生物菌＋植物诱导剂＋钾。土壤营养总含量控制在5 500毫克/千克左右，允许从未开始有机认证前至获得有机认证之间的时段即有机质生产转换期二年时间，粪肥在施前2 个月进行无害化生物处理或发酵。

六是创建生态平衡保护设施。如可建两膜一苫拱棚，棚高 1.3～1.5 米，跨度 5.5 米，长度不限；钢架结构，上弦用径粗为 2.6 厘米的管材，下弦和 W 减力筋用 12 号圆钢；竹木结构，竹片宽 4～5 厘米，厚 1 厘米以上。棚架用铁丝连结，外盖0.08 厘米厚薄膜，内覆 0.003 厘米厚薄膜，傍晚盖草苫，早上拉起放置木杆处，每 667 平方米造价为 2 500 元。

产地要符合 NY/T 4391—2000《绿色食品产地环境技术

条件》的要求。产品达 AA 级国际食品标准,硝酸盐含量不大于 432 毫克/千克。不得检出马拉硫磷、甲基对硫磷、对硫磷、乐果、林丹、百菌清、甲萘威、2,4-D、内吸磷等。禁止使用任何转基因种子和基因工程技术产品。

2. 土壤平衡

(1)错误做法

土地是刮金板,不少菜农只知使用,不知养护,在肥料和药物施用上不讲科学,乱施和滥施,造成土壤内部结构失衡,结果是多数菜田碳素缺 70%,氮、磷超量 50%~70%,造成土壤活力差,板结,有益菌减少,有害菌占领生态位,蔬菜越种越难种,引起高成本低收入,重污染。

(2)正确做法

产地环境要符合国家农业行业标准 NY 5010 的规定。土壤是植物营养和植株的载体,适宜蔬菜生长发育的土壤理化性能即平衡标准要求包括:土壤中氨气和亚硝酸气体对植物不会产生浓度危害,主要是一次性投入鸡粪每 667 平方米不超过 3 000 千克。微量矿物质盐类营养比例齐全:氮为 200 毫克/千克,五氧化二磷为 45 毫克/千克,氧化钾为 250 毫克/千克,氧化钙为 150 毫克/千克,氧化镁为 50 毫克/千克,硫为 48 毫克/千克等。耕作层 40 厘米深,有效保水量为 16%~20%,团粒结构的土壤稳固性在 60% 左右。EC 值,即干土与水分的重量比率为 1∶1.5,以黏壤土栽培蔬菜为最佳。要求有机质含量在 2.5%~3.5%,含氧量达 19%~28%。土壤过黏增施碳素有机肥,掺沙;土壤过沙,增施有机质粪;酸性土壤和呈酸性水常施石灰粉,碱性土壤常施石膏粉,掺黏土;pH 6.5~8 均可栽培蔬菜,但以中性增产明显。每 667 平方米保持有益生物菌10 000亿~20 000亿,即固体生物菌肥 20~40千克,液体生物菌肥 1~2千克。

盐碱地与土壤浓度大的地块种蔬菜,要注重施牛粪、鸡粪各 2 000千克,腐殖酸肥 200千克,以增加土壤碳素营养。每667平方米施生物肥 1千克,以活化土壤和平衡植物营养;施硫酸钾 10~14千克,控外叶,促心叶和果实生长,勿施氮、磷化肥。

3. 营养平衡

(1)错误做法

20世纪60年代以前,我国多数地区靠农家肥施田种菜,产量低;70年代,人们认识到氮素化肥的增产作用;80年代,人们认识到磷素化肥的显著增产效果;90年代人们对钾肥和微量元素的增产作用有所认识,并大量应用,对植物营养也有了一个较全面完整的认识。但是,随着蔬菜种植面积的扩大,人们在施肥上产生了两个错误倾向:一是对作物所需营养的比例知识掌握不准,氮、磷投入量过大,多数人认为产量低是因为肥料不足;二是对土壤现状测试不普及,广大菜农对菜田养分含量不了解,菜价越高,投肥越多,盲目性很大,有的每667平方米一次施鸡粪超过 6 000千克,人粪尿 2 000千克,尿素 50千克,磷肥 100千克,认为肥多地有劲,蔬菜长得快。有的甚至一季一茬氮、磷投入量超标 3~4倍。有些菜农在茄果菜上施入以磷为主的复合肥,如磷酸二铵、硝酸磷等,并大量重复施入。肥害和土壤积盐已成为生产上的一大公害,结果茄果多而长不大,形成僵小果,严重影响产量和质量。

(2)正确做法

植物同动物一样,饥饿与饱和都有一个信号系统在指挥进食或拒食的品种及数量,以调节营养物质的吸收和分配。植株体内的这个信号分子就是蔗糖。菜叶将太阳能转化成化学能的光合产物,合成的糖和氨基酸通过蔗糖这一运输营养即信号分子,将光合组织中的产物运向不光合作用的组织,这种不光合组织被称为"渗坑",如根、果实、茎等。"渗坑"组织是依赖叶片制造糖分和氨基酸来维护生长发育,植物整体实质是以纤维组织内蔗糖浓度高低之间产生的压力差来推动营养液的流动,靠叶片的水分蒸腾来拉动水分、矿物质的吸收,使作物在平衡与不平衡中交换运行而生长发育。

土壤营养浓度小,"渗坑"就大,植株易徒长,茎秆变纤细,蔬菜长不大,抗逆性差,产量品质低,但施肥就能猛长,只是暂时的不协调罢了。但土壤营养浓度过大,"渗坑"就小,或者失去渗坑作用,自身就失去信号传递和调控能力,植株会矮化不长或萎缩,营养循环受阻,出现生理障碍及反渗透,造成植株脱水死秧或毁种。

山西省新绛县南李村 2000 年种植的温室茄子,由于当时土壤较瘠薄,因此一度施肥料就能增产,每 667 平方米产量达 1.6 万千克左右。2003 年后土壤浓度接近饱和,磷素等大大过剩,但仍按过去施肥量或加大施肥量,每 667 平方米一茬投磷酸二铵达 150 千克,致使茄秧早衰,长势很差。到 2004 年,每 667 平方米产量下降到 7 500 千克,结果是投肥增加一倍产量下降一倍。该县下院村多数群众平衡施肥,每 667 平方米各施牛粪、鸡粪 2 500 千克,EM 生物菌肥 1~2 千克,植物诱导剂 50 克,硫酸钾分次施入,总量为 150 千克,茄子连年每 667 平方米产量为 12 000 千克左右,收入 2 万~2.3 万元。生产实践说明,蔬菜植株饿不死但能撑死。要想蔬菜高产必须保持适中的植物"渗坑"效应和正常的渗透压及土壤浓度。

过多施肥还会造成土壤板结,营养素相互拮抗,使产量大幅度下降。其施肥原则应是:掌握土壤浓度适中,即每 667 平方米保持纯氮 19 千克,有效磷 7 千克,纯钾 40 千克,施肥时要减去土壤自生的部分(大约氮 4 千克、磷 2 千克、钾 10 千克)和前作的有效营养剩余量。当时的投肥量要看苗情、看产量酌情增减。一般的施肥规律是:新菜田和瘠薄土壤可多施点,老菜田和连种 3 年以上的地块应少施点,硼、锌肥要补点,注重穴施腐殖酸生物肥,对肥害苗要及时控肥浇水,根外喷调节剂;将植物"渗坑"作用调为适中,对盐渍化、肥害菜田应浇大水压盐,覆盖营养瘠薄土,缓冲耕作层土壤浓度,减轻肥害,提高产量。

栽培茄子所需要的氮、磷、钾比例是 3.3:0.8:5.1,生产 10 000 千克茄子,每 667 平方米只需投纯氮 33 千克,五氧化二磷 8 千克,氧化钾 51 千克。由于氮肥只能被作物利用 40%,磷被利用 20%,钾被利用 90% 左右,因此磷主要穴施在前期,钾用在生长旺盛期和膨果期,氮用在中后期。有机肥内的氮素每 667 平方米可保持 19 千克,因而可满足蔬菜生长的需要,硼、锌等元素大致一茬菜需要 1 千克,即可达到平衡的水平。氮过多会导致植株龟缩头,磷过多会造成瓜打顶,钾过多将抑制锌的吸收,导致植株矮化。如三要素过量,需采取大水排肥或加入营养瘠薄土缓解。所以,在蔬菜投肥上,一是要掌握营养全,要大力推广多种成分的蔬菜专用肥,如腐殖酸有机肥、EM 生物菌肥、CM 有机质生态链肥;二是要推广穴施肥,提高利用率,诱根深扎;三是要掌握适时适量,超量的要施 EM 菌肥予以减量;四是要掌握因土施肥,缺啥补啥,这样就可实现平衡施肥了。

如果缺乏某种营养品,其他营养再多,产量也难以提高,一种或几种营养过多,植株既不能平衡生长,而且营养素还会产生拮抗作用,造成抑制效果,使土壤和植株营养失衡,这样投入大反而产量低。瓜果类蔬菜每 667 平方米一次施粪肥不要超过 5 000 千克,以鸡粪、牛粪各半为好,谨防磷多造成僵秧小果。氮过多营养生长过旺,会抑制蔬菜生殖生长,或营养不平衡造成多种病症、死秧等,可用生物菌和硫酸锌解症。用豆浆 750 克、鱼血 150 克,对水 50 毫升喷番茄果可防止花脸果。茄子对磷的需要量很少,每千克磷可供产茄子果实 660千克。如果磷是以磷酸形态供作物吸收,失去酸性就会与土壤凝结而失效,因此多施磷肥既浪费又使土质变坏。每 667平方米施鸡粪、牛粪各超过 2 500 千克,就不需要再施磷肥了。茄子结果期每 667 平方米施 45% 硫酸钾 100 千克,按产茄子5 700千克投入,并拌施液体生物菌 1~2 千克解磷害,3天后见效,可解除僵小果,提高产量。

4. 水分平衡

(1)错误做法

幼苗期浇水多而频,不利于囤苗,秧苗抗逆性差;定植后不控水蹲苗,根浅、不发达;冬前错误地认为浇水地寒,茄子、甘蓝、大蒜、葱头、黄瓜等喜湿性蔬菜将会因缺水而受冻枯死和减产。

(2)正确做法

蔬菜含水量在 90% 以上,蔬菜如缺水则质量差生长慢;如水量大、土壤长期缺氧,会造成作物沤根;空气湿度过大,易染病或徒长而难以控制。因此,苗期应控水促长根,中后期小水勤浇以提高产量。如水分供应不均衡,蔬菜产量低、质量差,因此蔬菜土壤持水量一般应控制在 65% 左右,根系透气性达 19%～25%,为保持土壤物理性状平衡,应大力采用节水防堵型渗头灌溉技术。

5. 种子平衡

(1)错误做法

当前蔬菜种子品种多,种性复杂,耐热性、耐旱性、耐寒性、抗病性差异较大,加之不少菜农不习惯于对种子消毒,种子未经消毒处理就播种,导致病害发生;不少人未经小面积实验,就大面积应用,结果所用的种子不适应当地的自然气候条件,结果造成种植失败。

(2)正确做法

蔬菜种子要符合 GB 16715·7—1999 二级以上的要求,选用东北生产的高抗寒、饱满、抗病的品种。温室越冬生产茄子应选用耐低温弱光、色泽油黑、产量高、果形好的品种。圆形品种,如天津快圆、茄杂 2 号、茄杂 5 号、茄杂 8 号等;长形品种,如美引茄冠、大红袍等。两膜一苫及早春大棚栽培应选用早熟品种,如天津快圆、陕西大牛心、新绛大红袍等。每667 平方米用种子 50 克。用高锰酸钾 1 000 倍液或硫酸铜 400 倍液浸种,行 73℃ 高温消毒或 −15℃ 冷冻消毒。品种栽植密度一定按株型大小确定,按耐热、耐寒性把握平衡,以免密植徒长而造成严重减产。

6. 密度与整枝平衡

(1)错误做法

很多菜农在定植幼苗时都想栽密些,认为苗多能高产。其实,植株多,单株受光少,光合作用差,营养积累少,而且植株易争光徒长,造成蔓旺果少。据测定,1 平方米栽 2 株番茄,其植物营养体消耗光合产物为 50％,果实可得 50％。如果每平方米栽 4 株,其营养体消耗光合产物为 70％～80％,产品光合作物消耗只能占 20％～30％,因此密植反而产量低,植株还会因通风不良而感染真菌、细菌病害。黄瓜栽植过密蔓徒长,光照太强秧老化,氮、磷过多叶大节短,南边通底风易造成毁灭性坏叶,是失败的四大原因。番茄行距过宽,光照利用率低;留果太多,果实大小不匀;浇水太勤,易感染多种病害。不及时打顶去杈,浪费营养;果实轮廓长成后,不摘下部叶片,果实早红,钾素外流,不耐贮运,产量低。

（2）正确做法

蔬菜定植密度应按土性、肥力、上市要求和品种特性确定。例如,茄子每 667 平方米栽 1 300 株、2 000 株、3 000 株都能取得较高产量和效益。根据品种、季节、肥力确定密度,合理整枝而达到充分利用地面空间、光照,使植物平衡生育,就能取得最佳效果。在温室内栽培,一般行双秆整枝,大棚栽培可多秆生长。高产品种、高产季节宜稀植;高温季节、土壤瘠薄宜密植。越冬温室栽培,每 667 平方米栽茄杂 2 号 1 300 株,天津快圆 2 000 株。早春拱棚栽培,每 667 平方米栽 2 000～2 300 株。如土壤肥沃,可栽稀些;反之,栽密些;耐寒晚熟品种,可栽稀些,如陕西大牛心、河北茄杂 2 号,每 667 平方米栽 1 300～1 500 株;早熟品种如天津快圆、茄杂 4 号,每 667 平方米栽 2 000 株。

茄子果实开始膨大,将果以下的侧枝和下层老叶摘除。实行双秆整枝,即对茄坐果后,出现 4 个生长秆枝,选留两个位置适当的健壮主秆枝。此后出现 4 个枝,再去掉两个,始终保持 2 个主秆枝,每次结两个果。如植株小,有空缺可在左右植株上留 3 个主秆枝生长,充分利用空间提高产量。到 5 月

— 12 —

下旬,双秆枝高达 1.7～2 米,需吊枝引蔓,防止折枝伤果。

黄瓜栽培,大行宽 80 厘米,小行宽 50 厘米,株距 33 厘米,露地每 667 平方米栽 3 500～3 600 株。适宜光照度为 3 万～4 万勒,白天室温为 25℃～32℃,前半夜为 18℃～15℃,后半夜为 10℃～12℃。结果期氮、磷、钾比为 2.4∶0.8∶4。不通底风,保持湿度,防止脱水染病。施用锌、锰或铜铵制剂,补充营养素以防病。在保护地内栽培黄瓜,每 667 平方米栽 3 500 株以下,合理稀植,通风透光好,叶片不互相遮荫,营养消耗少。要少施氮、磷肥,增施钾肥,以控叶促瓜。

番茄每 667 平方米栽 1 800～2 800 株,以稀植为好,地面以见光 10% 左右为宜。果实藏在叶下,果不见光,防止病毒病和日烧果。浇水次数要少,量要足,防止小水频浇。每穗留 3～4 个果,每株留 4～8 穗果。

7. 温度平衡

(1) 错误做法

很多人认为高温管理蔬菜光合能力强,长得快,产量高,结果造成闪秧、灼叶和小果。其实,蔬菜对温度有上限要求,一般为 25℃～32℃。如温度过高,会抑制幼果,会出现果实断层;同时,温度过高,作物呼吸作用大,机体运行、生理活动紊乱,株体徒长,株蔓和生殖生长不平衡,产量反而会下降。

(2) 正确做法

喜温蔬菜,如茄子生育适温为 22℃～30℃,低于 17℃生长缓慢,较长时间处于 7℃～8℃会发生冷害,出现僵秧僵果。温度高于 40℃时,花器生长受损。定植缓苗后,温度宜高些,白天保持 28℃～30℃,下半夜不低于 13℃,地温保持在 20℃左右,缓苗后温度要降下来;果实始收前,晴天上午宜保持

25℃~30℃,下午 28℃~20℃,前半夜 20℃~18℃,后半夜 12℃左右;果实采收期,上午保持 26℃~32℃,下午 30℃~24℃,前半夜 21℃~18℃,后半夜 10℃~13℃;阴天时,白天保持 20℃左右,夜间 10℃~13℃,低于下限温度会出现僵果和烂果。

在冬季低温弱光期,一般保低不放高,即白天气温不低于 18℃,地温争取保持在 18℃。生产圆茄子,棚膜不能用聚氯乙烯绿色膜,以防止长出阴阳僵化果;采用聚乙烯紫光膜,增产效果显著。冬季气温一般不会超过 36℃,光照弱,没有必要把气温调得很高,否则养分消耗多,产量低,对在低温寡照期安全生长不利。春季到来,光照度逐渐加大,日照期加长,应尽可能按上述温度指标进行管理。谨防温度高、水多、氮肥多而引起植株徒长。结果盛期光合适温为 25℃~32℃;前半夜适温为 20℃~15℃,使白天制造的养分顺利转到根部,重新分配给生长果实和叶茎,达到生殖生长和营养生长、根系生长和地上部生长的平衡;后半夜保持 13℃,可短时间为 10℃,使植株整体降温休息,降低营养消耗量,提高产量和质量。但长期低温不易授粉受精,会出现僵果和畸形果。在管理上要做到以下 6 点:①将白天最高棚温控制在 32℃以下;②遇到高温,要先遮阳降温,勿大通风;③干旱、高温时勿熏烟;④可能遇到高温天气,要在 25℃左右时及早通风;⑤产生热害时,叶片上喷水防止脱水萎秧,可浇施和喷洒有益菌剂予以缓解;⑥高温期勿施氮素化肥。

8. 光照平衡

(1)错误做法
不少菜农对蔬菜高产的一个片面认识是光照强产量高。

例如,茄子果实生长和形成阶段,对光照度的上限要求为5万～7万勒,8万～9万勒也能生长,但产量和品质下降。晋南6月份光照度在10万勒以上,6～7月份需遮阳挡光;冬至前后白天要补光,使其强度尽可能达到光饱和点,维持生理平衡,才能取得最佳产量和效益。

(2)正确做法

在蔬菜的产品形成阶段,对光照度都有上限要求。譬如,韭菜对光照度的上限要求为2.5万勒,辣椒为3万勒,甘蓝、西葫芦为5万勒,黄瓜为6万勒,茄子、番茄为7万勒,西瓜幼苗期为8万勒,结果期要求光饱和点为10万勒。如光照度超过4万勒,芹菜、韭菜纤维粗,易老化,叶窄而短,产量低;超过5万勒,辣椒落花、落果、落叶严重,且易死秧;超过6万勒,黄瓜化瓜严重,畸形瓜多,秧蔓老化,产量大幅度下降。超过10万勒,番茄果实长不大,早熟,产量低,品质差。因此,在5～7月份炎热季节,温室大棚棚面不必再清扫尘埃,可盖草苫或树枝、遮阳网挡光,可提高产量34%左右;露地栽培可利用高秆作物形成阴影。在华北地区,利用温室种植黄瓜、豇豆、西葫芦等蔬菜,于12月份至翌年3月份光弱期,可用电灯、反光幕补光,到4月份即可撤掉,不然菜秧会受到热害。黄瓜光照度掌握在1万～4万勒,超过4万勒要遮光,温度控制在25℃左右。早上迟揭,下午早盖,中午适当遮荫降温,创造低温、弱光、短日照的生长环境,在夜间燃少许柴烟,喷增瓜灵,诱生雌瓜。

9. 气体平衡

(1)错误做法

不少菜农施用鸡粪未腐熟,或氮肥和人粪尿一次施用量过大,常常会引起作物受到氨害。另外,许多菜农不懂得土壤中的生物菌能分解有机碳,把固态碳变成二氧化碳,能解钾、固氮、释磷,供植物长期享用。

(2)正确做法

在保护地内栽培蔬菜,要少施碳铵,每667平方米一次施用碳铵不超过5千克,人粪尿不超过500千克,用牛粪、鸡粪做基肥不超过3 000千克,做追肥为300千克。上述肥料均会挥发出氨气,如氨气量过大,通风不及时会造成氨中毒和伤叶伤根而大幅度减产。作物在夜间的呼吸作用放出二氧化碳,浓度可达800毫克/千克,白天太阳出来后作物进行光合作用,将其吸收利用而达到平衡。11~12时外界大气中二氧化碳含量300毫克/千克,而温室内只有50~80毫克/千克。故此,在管理上应在太阳出来1小时后再通风换气,这样可有效地利用自生二氧化碳,之后交替通风换气,有利于将棚内的二氧化碳浓度由80毫升/千克提高到300毫升/千克,可大幅度提高产量;同时,将有害气体排出,一氧化碳日平均控制在4毫克/立方米以下,飘尘、二氧化硫、氮氧化物在0.05毫克/立方米左右,光化学氧化剂每小时平均为0.12毫克/立方米,总悬浮微粒日平均为0.12毫克/立方米,氨气在4毫克/立方米以下,就可达到空气生态平衡。

10. 用药平衡

(1)错误做法

凡作物病害都是真菌、细菌、病毒侵染所致,这已成为人类对植物病害起因的共识。但病菌的侵入均是生态环境不平衡引起的营养元素供应不平衡,系缺素引起的薄弱环节而招染病菌,这一点往往被不少人忽略了。将有机质秸秆、粪肥等生物界碳素遗物,用有益生物菌将固态有机碳化合物和粗粒矿物质分解成植物根系可吸收物,来平衡土壤基质和植物营养,能防止病害,更是未被多数人所认识,因而未引起重视。

自然界有上万种微生物。过去,多数植保工作者将眼光放在如何发现新病害、新菌种以及新的抑菌治病的化学药物上,把对农业科技人员的职守和发明创造定格在微观研究上,将农业生产操作技术由简单向复杂延伸,忽视了宏观和简约实用以及操作技术的开发。病害种类以及防治技术越来越多,生产管理越来越麻烦,农民在操作上往往顾此失彼或难以把握。而选择应用高效化学杀菌剂的结果是,将蔬菜叶面蜡质即保护层破坏,使植物免疫力下降,12 小时后杂菌繁殖率成千倍加大,防治病虫害的投资越来越大,农资浪费量高达70%左右。

不少菜农误认为,打药勤病害少;用药重灭菌彻底。有些人每隔 2～3 天打 1 次药。其实,勤打药只会干扰作物正常合成碳水化合物,又不利于植物产生抗生素,抗病能力反而下降,第二天病菌繁殖速度加快,病菌和虫体产生焦质层,药液渗不进去,防病杀虫效果不佳。

(2)正确做法

利用自然资源使作物正常生长,科学合理地利用光照、温度、气体、湿度和密植等,不花钱或少投入就能使作物无病害、不缺素地生长。对具体的某种蔬菜,按生育规律所需、按比例投入营养,着重利用培养有益生物菌分解、保护、平衡土壤和植物营养,如利用 EM、CM、农大哥生物菌等,可吸收空气中的二氧化碳(含量 300 毫克/千克)、氮(含量 71.3%),分解土壤中的磷、钙等物质,对这些自然营养元素的挖掘利用,就可以少投肥 70%左右。干秸秆中含碳 45%,用生物菌拌和分解

— 17 —

后,25%有机质碳化物营养分解的二氧化碳,通过光合作用产生新植物及果实,75%碳水化合物即碳、氢、氧、氮直接通过暗化反应组装到新生植物体上,每千克可供产鲜茎果 10 千克左右。与投入化肥比较,既节约开支,防病效果又好,还取得明显增产效果。

在黄瓜、番茄、茄子等蔬菜上用植物诱导剂灌根 1 次,根系能增加 70%,光合强度提高 0.5～4 倍,能及时调节平衡营养,作物生长几乎就不会感染病害。再如用稀土微量元素制剂——植物传导素,叶面喷施后,能打破顶端生长优势,使作物由纵长向横长转向,来控秧促壮,修复生长缺素引起的生理缺陷和薄弱部位,使作物按生产者需要的方向生长;而锌营养又能使作物纵向生长,使根尖和生长点伸长;在有机粪肥充足和生物剂到位的情况下,无须补充镁、铁、钙、硫、硼等中微量元素,就能满足生长需要;氮、磷大量元素可少量补充,钾按 100 千克含 45%硫酸钾,可生产果实 5 700 千克,每次每 667 平方米投入钾不超过 24 千克就为合理施肥。每千克纯钾可产果实 170 千克,每千克五氧化二磷可产蔬菜 660 千克,每千克氮可产蔬菜 380 千克。如果钾肥施用量过大,将伤害秧苗,污染环境。铜、锰元素可增厚植物皮层,防止病菌侵入和避虫;补充钾、硼可防止植物秆、果实空洞及发生化瓜、化果而引起真菌病害。补充锌、钼、铜、硅可防治干旱引起的植物脱水,生长点及根尖生长停滞所引起的矮化及虫害,防止病毒从伤口侵入。高、低温期补钙能防止脐腐病、干烧心。补充氯能使蔬菜纤维化、抗虫抗病等。防止施肥量过大或某种营养过多而引起的植物体反渗透伤秧和灼伤根系死蔓等。为此,围绕营养平衡环节,就能从根本上防止病害,操作时注重施有机质粪肥和有益生物菌剂,就可以把握好营养素平衡,使蔬菜健壮生长,从而获得持续高产。

首先,采用保障满足作物所需各类营养素的方法防病。例如,病毒病与缺锌缺硅有关,真菌性病害与缺钾缺硼有关,细菌性病害与缺钙缺铜有关。因此,满足作物所需各种营养素平衡,就不会发生病害。其次,采用栽培措施的方法防病,抓好控温控湿、控水通风、透气增光、施肥中耕等管理措施,通过栽培措施创造一个平衡生长的生态环境,就可以防病。最后,再采用生物农药、保护性农药和融杀性农药防病。此外,将蔬菜后期老叶摘掉或迫使其早衰老,有利于外叶内钾素向果实内转移,从而提高产量和品质。

11. 地上部与地下部平衡

(1) 错误做法

许多菜农往往认为,蔬菜地上部生长旺,就能获得高产,因而千方百计加大水肥促其快长。其实这是一个误区。如果地上部与地下部生长不平衡,不利于果实生长,就不能获得优质高产。

(2) 正确做法

初期控秧促根;定植后保持地上部和地下部生长平衡;结果期控氮、控水、控夜温,控地上部,蔬菜好管理,有利于长果实。蔬菜种子发芽后,最先长出来的是胚根。幼苗生长初期,以消耗种子内物质先长出根尖,抽出根茎,然后根系吸收水分、养分,最后叶、秆从种子壳中脱出,进行光合作用。同化面积及叶片不断增加,生长速度才逐渐加快,碳水化合物才能随之急剧增加。

用 55℃ 温水浸种,置 30℃ 环境中催芽,在昼夜温差较小的条件下,促种子发芽出土。或用赤霉素或植物诱导剂泡籽,均是为了促根生长,提早栽培和收获。

地下部(根)和地上部(茎果)生长有相应性,即水足,土壤浓度小,根尖及蔬菜秧生长点的顶端优势强,相应地侧根侧枝就较少,致使植株徒长。为此,生产上切方移位"囤"苗,控水喷肥"蹲苗",在蔬菜高产抗病育苗上显得尤其重要。在整个育苗管理中,在保证幼苗不老化的前提下,应以控制地上部生长,促进地下部生长为主。

蔬菜根系易老化,苗期和定植期促根生长,是决定产量的关键时期,蔬菜根主要分布在5~20厘米深、60厘米宽的土壤中,具有趋温性、趋光性、趋肥水性和趋气性。气温为12℃有利于氮的吸收,地上部生长停止,叶厚僵化;18℃有利于氮、磷、钾平衡吸收;27℃有利于磷的吸收以及花芽分化和根群生长,但不利于长茎秆。20℃~25℃的土温,3 000~8 000勒的弱光照,4 000毫克/千克的土壤浓度,36%的土壤持水量,土壤含氧量为7%,极有利于幼苗长根。红外光对蔬菜发芽和生长根有抑制作用,花序不开放,花粉无活力。

结果期蔬菜根系以更新复壮为主,特别在中后期,迅速减慢了扩展和延伸度,随后逐渐枯死、再生。当某一层蔬菜采收或叶子老黄摘掉,便有相应的一部分根系枯死。盛果期遇连阴雨天,或天晴时深耕,便会有大量根系死去。生产上在中后期应注重增施腐殖酸有机肥和生物菌肥,分解、分化和平衡营养,可诱生新根。

根系分布决定地上部的生长状况。地上部茎壮叶宽,光合强度又决定根系更新代谢状况,即叶旺根壮。

果菜类菜地上部发育与叶类菜和根茎菜的不同点是,要通过发育阶段形成果实,通过春化和光照阶段,才能开花结果。茎变粗、果膨大是光合产物即细胞体积积累的现象。叶子每天要消耗光合产物 1/4，温差大消耗少。叶子上有网状叶脉，在蒸腾作用下，将根从土中吸收的水分和养分在压力作用下输送到叶内，叶肉和叶绿素又将形成的同化物转移到茎根处，重新分配到生长点和根处，并将多余的碳水化合物积累到果实。为此，地下部和地上部始终是相应生长，所以管理上以壮根为主。

地上部即叶、茎、花、果，地下部即根系。掌握适当的茎叶与发达的根系是蔬菜高产优质的关键。尤其是在温室内栽培越冬蔬菜，从幼苗开始，就应该围绕控水、控湿、控温、分苗、喷洒植物诱导剂，"蹲"苗和"囤"苗进行促根控秧管理。

晋南地区在 8 月下旬育苗，这时正值梅雨季节，土壤和空气湿度大，温度适中，直播出苗齐。做 1.3 米宽的畦，垄背踩实，备 6 份园土，1 份腐殖酸磷肥；3 份 6～7 成腐熟的牛粪，透气性好，有利于根系发达；少许磷酸二氢钾壮秆。拌匀过筛整平，浇 4 厘米深的水，水渗完后撒一层细土，将低凹处用土填平。种子用白酒泡 15 分钟，含入口内向畦面喷播均匀，然后用菌虫杀 50 克拌土 30 千克防治地下病虫害，或用苗菌敌 20 克拌土 20 千克，覆盖种子。经 40 天左右，幼苗具 2 叶 1 心时分苗。床土配制同上，按株行 8～10 厘米刨沟、摆苗，浇硫酸锌水 1 000 倍液，促进根系深扎。对徒长苗勿施用硫酸锌，可浇施 EM 生物菌 500 克，以平衡植物和土壤营养。分苗畦营养面积过小，不利于控秧促根。

定植前用硫酸铜配碳铵 500 倍液喷洒 2 次，防止土传病害，提高植株抗逆性。定植时，每 667 平方米穴施硫酸铜 2 千克，拌碳铵 9 千克，用以护根防止黄萎病。栽后浇施植物诱导剂 50 克，可增加根系 70% 到 100%。

结果期，室内后半夜温度高是引起植株徒长和减产的主要原因。生长中,对矮化植株浇 EM 生物菌肥,提高夜温,使地上部和地下部调节平衡。待蔬菜叶大而薄、茎秆长时,控制水分、氮肥和夜间温度,以达到控秧促果,提高产量的目的。

12. 营养生长与生殖生长平衡

(1)错误做法

不少菜农认为株蔓旺是长势好,其实这是认识上的一个误区。叶旺根浅,必然营养不全,调节能力差,易染病害。

(2)正确做法

幼苗期应掌握弱株深根;中后期控制叶蔓,使生殖生长占光合产物的 60%～70%,营养生长占光合产物的 30%～40%,既保证同化叶面积,又不至于让叶蔓消耗过多的营养。

营养生长即根、茎、叶生长,生殖生长即花、果、籽生长。营养生长部分是营养制造和运输器官。生殖生长是营养贮藏积累的器官。蔬菜生育始终贯穿着营养生长和生殖生长,5～6 叶花芽分化时,营养生长过旺,植株徒长,花芽分化弱,花蕾小,发育不全,易因营养不良而蔫花。幼苗期营养生长过旺,果小易烂果;中后期狂长秧,营养生长旺,茄果不丰满,色泽暗、膨大慢,减产 30%左右。为此,在蔬菜管理上,授粉受精期将夜温控制在 13℃～14℃,到膨果期温度应再低些,是高产的关键。合理稀植,在结果期注重冲施钾、硼、碳肥,是促进生殖生长,抑制营养生长的有效办法。经试验,蔬菜在出苗后2～3 天去掉两片子叶,孕蕾丰满度和开花膨果速度提高 20%左右。

没有较大的营养面积,蔬菜果实就长不大,营养生长过旺必然抑制果实的膨大,总产量就上不去。人为地利用水、肥、气、光、温、药进行控促,调整二者的生育关系,显得尤其重要。

孕蕾期在中性（10～12 小时）日照下，茄果表现生长快，早熟品种 12～14 小时日照开花较快，晚熟品种 10 小时光照下开花快，在氖光、日光、红光照射下蕾和果生长快。孕育期氮、碳、磷的吸收加快，果实膨果期碳、钾用量大，老熟期磷的吸收多。

叶面积大小决定植株光合能力，光合强度决定蔬菜膨大速度和重量。为此，茄子管理前期应围绕控秧促根，中后期围绕控蔓促果进行。结果期以保持地面不见直射光为度，因散射光产生热能和光合强度，功能叶保持 13～14 片，叶片直径 20～25 厘米，节长 15～16 厘米，粗 2 厘米，适当的叶面积能保障碳水化合物充足合成，并降低营养物质的消耗。叶面积过多过大而薄，光合产物和积累少；过小而僵化的叶，浪费阳光和空间，茄子长得慢而且小。

低温期（夜间最低温度低于 13℃）、干旱期（空气湿度低于 60%）和弱光期（光照强度低于 3 000 勒）首先要保障授粉受精，可在叶面上喷锰制剂壮花蕾，喷硫酸锌促进柱头伸长，喷硼砂促进花粉粒饱满和成熟，避免发生未受精的僵果。当蕾器花冠呈现紫色时，用 30 毫克/千克 2,4-D 抹花萼和果柄，并喷少许速克灵，及时摘花冠，防止发生灰霉病烂果。注重施牛粪、硫酸钾和 EM 生物菌促进膨果，谨防营养生长过旺使生殖生长受到抑制而减产。

温室越冬栽培茄子、番茄、辣椒，宜用聚乙烯紫光膜，可控蔓抑菌，促根促果。

二、蔬菜低投入高产出操作技术

13. 番茄栽培

(1) 错误做法

定植密度大,冬春茬浇水频,易染晚疫病;夏秋茬不施用锌、铜、硅、钼营养素,易染虫害和病毒病;传统认为牛粪没劲,多数人注重单施鸡粪,结果造成碳素不足,氮、磷过剩造成普遍减产。

(2) 正确做法

【茬口安排】 温室和两膜一苫栽培延秋茬7月1～15日直播(品种宜用毛粉802),继早春茬在翌年2月中下旬育苗(品种宜用金鹏);越冬茬10月下旬到11月上旬播种(品种宜用宝冠或川岛雪红等),继4月中旬老株留侧枝再生或1月下旬育苗。拱棚栽培延秋茬可在5～6月下种,遮阳挡雨管理;早春茬在1月初育苗,品种宜用白果强丰或沙龙F_1。1年2～3茬,每667平方米产量2万～2.5万千克。

【营养床土配制】 每667平方米栽植面积需备育苗床25～30平方米。床土40%,财吉牌腐殖酸肥,阳土40%,七八成腐熟牛粪20%,EM或CM菌液500克,与粪肥拌匀整平,土钵疏而不易散,养分平衡,不沤根,根多秧壮。勿用化肥和未经生物菌分解的生粪。

【播　种】 夏秋茬种子用高锰酸钾1000倍液消毒;越冬茬和早春茬用硫酸铜300倍液杀菌。播前浇1次足水,深4厘米,积水处撒土将畦面赶平,撒籽,覆土0.5厘米厚,盖地膜保湿保温。白天温度在25℃～30℃,夜晚10℃～13℃,幼苗出土后逐渐放风炼苗,幼苗出齐前不浇水。无猝倒苗。

【苗期管理】 11月20日至4月1日和9～10月为各茬苗期管理期。冬前浇水、保温防冻、其他时期控水防徒长促扎深根,出苗60%揭膜放湿,子叶展开按2～3厘米见方疏苗,3片真叶时按8～10厘米见方分苗,分苗时浇灌生物菌或磷、锌、钙营养长根,促进花芽分化。注意培育健壮苗,不徒长,不僵化,不染病,根系要发达。控水防涝,高温干旱期实行遮阳,连阴天也揭开草苦见光炼苗。下种后10天切方,定植前10天移位囤苗、护根,以提高抗逆性。

【定植前准备】 移栽前10天用有益菌剂100克对水15升喷洒幼苗,前7天全天揭膜炼苗。以菌克菌,无病定植。喷雾器装过化学杀菌剂需清洗后间隔48小时,再装有益菌剂,喷后保持2～3天较高湿度,使之大量繁殖抑制和杀灭有害菌。

【肥料运筹】 按一茬每667平方米产果实10 000千克设计施肥,需纯氮38.6千克,土壤中需维持19千克为足;五氧化二磷11.5千克,以基施为主;氧化钾44.4千克,在结果期施入为主。每千克碳素可产鲜秆、果各10千克,碳素营养第一年新菜地可多施入土壤贮备或缓冲量1倍左右,第二茬减少50%,共需1 660～2 000千克。干秸秆中含碳45%,秸秆堆肥(带土、湿)、牛马粪、禽类粪中含碳25%左右,腐殖酸肥中含碳30%～54%。

沤制秸秆中的氮、磷、钾含量分别为0.45%、0.22%和0.57%;鸡粪中的氮、磷、钾含量分别为1.65%、1.5%和0.85%。每667平方米备3 000千克干秸秆沤制肥,可供碳1 350千克;或牛粪4 000千克,含碳1 040千克,加腐殖酸300千克,含碳150千克,氮13.5千克,磷6.6千克,钾17.1千克。1 000千克鸡粪中含碳250千克,氮16.5千克,磷15千克,钾8.5千克。总碳1 600千克左右,氮30千克,磷21.6千克,钾25.6千克,碳够、氮多、磷足、缺钾23千克。番茄地富钾可增产,故结果期再追施45%生物钾100千克。鸡粪过多将浪费氮、磷和引起肥害,造成植株生理失衡而染病减产。如秸秆不足,可用腐殖酸肥补充。对作物所需的碳元素,可施入EM地力旺生物菌,固体10～20千克,液体2千克或CM亿安神力生物菌固体50千克,液体1千克,分解和保护碳、氮营养。中、后期追施液体菌肥4～6千克,可持久吸收空气中二氧化碳和氮气,补充量可达60%左右,分2～3次冲施。土壤碳、氮比达30∶1。肥和有益菌结合,碳、氮比为20∶1,土壤本身碳、氮比为10∶1。谨防盲目多施肥,造成土壤浓度大、营养过剩而多病导致减产。因每667平方米土壤氮存量以19千克为平衡,磷要保持酸性均衡供应,故鸡粪要穴侧施或沟施。

【整地起垄】 耕深30厘米,垄宽70厘米,高10厘米。防止积水沤根、受光面大、提温快。垄土不宜太粗或太细,以保证适宜的土壤透气性和持水性。

【选膜覆盖】 越冬温室首选聚乙烯三层复合紫光膜和聚乙烯无滴绿色膜,早春茬和延秋茬选聚乙烯无滴白色膜和绿色膜。用1.3米宽的地膜盖垄,把地膜拉紧,四周用土压紧,条与条之间留10～15厘米空隙。控湿保温,提早和延后上市,吸热护根。延秋茬应迟盖地膜,以脱土表水分诱长深根;越冬和早春茬及早盖,保温保墒护根;夏季随时盖,保墒防根脱水。

【选苗密度】 夏秋茬应选择有茸毛苗,以防止虫伤传毒,并使其根多壮苗。淘汰猝倒、黑根茎苗。株距40厘米,大行

— 26 —

距 60 厘米,小行距 40～45 厘米,每 667 平方米温室栽 2 900 株左右,大棚栽 3 300 株,使群体受光均匀,充分利用空间,防止过密徒长和染病。露地栽培的为挡光保湿护果秧,应合理密植为好。

【定　植】　每 667 平方米用 CM 固体 1 千克加 40℃温水浸泡 4～6 小时,加水稀释浇苗床;适当深栽(12 厘米),高脚苗可用"U"字形栽培法;栽完后用 800 倍液的植物诱导剂灌根茎部,1 小时后浇水,以愈合伤口,消灭杂菌病毒,控秧壮根。这样,可增加根系 70％左右,提高光合强度 0.5～4 倍。围绕控温、控湿、控秧进行促根管理。

【整枝与疏果】　温室延秋茬结 5～7 穗果,越冬、早春茬结 6～9 穗果,拱棚、露地结 3～4 穗果。分次打顶,使植株高低一致,去芽不过寸,早摘老黄叶。实行单秆整枝,每穗留 2～4 个果,株高控制在 1.7 米左右。控蔓促果,果形正,产量高。每穗果轮廓长成后,将果穗下所有叶片摘掉,以免老叶产生乙烯使果实中的钾外流而软红减产、不耐运。

【中　耕】　中耕 2～3 次,深 2～5 厘米。因浇水、雨后淋实和作业踩踏的土壤,应及时松土,早春中耕合土缝保墒保温。土壤含氧量保持在 19％,防止沤根和根浅脱水。促微生物活动、扎根深。除草、保温、保墒、排湿。

【营养防病】　氮、磷、钾比例为 3∶1∶5～7,高、低温期叶面补硼促花粉粒成熟饱满,喷锌促柱头伸长授粉受精。每间隔 20～30 天,叶面喷赛众 28 营养液,根部浇施 CM、EM 菌、农大哥,平衡土壤和植物营养。露地和延秋茬喷锌、硅、钼防治病毒病;越冬和早春茬喷铜、钙防治细菌性病害;轻度病害每隔 7 天用 1 次铜皂液(硫酸铜、肥皂各 50 克对水 14 升);中度病害用铜铵合剂(硫酸铜、碳铵各 50 克,对水 14 升);重度病害用波尔多液(50 克硫酸铜、40 克生石灰液分开化开,对水至 14 升,同时倒入容器做叶面喷洒,防治晚疫、早疫病效果优异)。叶面喷钾、硼溶液防真菌病害。经常浇施 CM、EM 菌肥可防治死秧以及根结线虫等病害,以 20℃ 左右时,浇施或叶背喷雾为好。做到地上与地下平衡,叶蔓与果实平衡,果大而匀,色艳耐存,食味佳。

【生态防虫】 温室、大棚内每 60 平方米挂一黄板诱杀飞虫;或在矿灯、电灯外罩一塑料膜涂胶,引诱黏杀;用灭蚜宁熏杀,连用两天;露地每 4 公顷挂一频振式电击杀虫灯灭虫。每 667 平方米取麦麸 2.5 千克炒香后拌糖、醋、敌百虫各 0.5 千克,用塑料膜垫底,傍晚分放 10 处诱杀地下害虫,早上捡虫消灭。根结线虫和地蛆可用草木灰和有益生物菌防治。勿用化学杀虫剂,以免杀死害虫天敌,破坏土壤结构。

【浇　水】 共浇水 5～8 次,定植时以浇透为准,之后控水、控叶、促根深扎。秧苗生长期不浇,结果期少次适量浇。地面和空气保持干燥,根深,易授粉着果,果大,着色均匀,不易染病。保护地内 30℃ 以上、20℃ 以下不浇水;露地高温时以傍晚浇水为好。

【温　度】 白天温度保持在 22℃～32℃,前半夜在 18℃～15℃,后半夜授粉期在 12℃～13℃,长果期在 8℃～11℃。这样,授粉受精良好,果形正,蔓不疯长,产量高。谨防温度高于 35℃ 和低于 8℃。

【光　照】 幼苗期光照度保持 2 万～3 万勒,结果期保持 5 万～7 万勒。6～9 月份高温强光期适当遮阳。冬至前后弱光期用补光灯、反光幕、擦棚膜等措施增光,叶面可喷植物诱导剂 800 倍液增强叶片光合强度。秧不疯长,不僵化,无空穗。遮阳勿过度,以免秧蔓徒长。

14. 茄子栽培

(1)错误做法

在苗期不注重用生物菌铜制剂防止黄萎病,结果期死秧普遍,难以医治。中期不注意用植株诱导剂和植株传导素控秧,后期徒长减产 30% 以上。

(2)正确做法

【品种与茬口】 每 667 平方米备种子 50 克。温室栽培宜用圆果形品种,如天津快圆、茄杂 2 号、茄杂 8 号;长形品种,如赛瑞马、美国茄冠等。早春大棚或露地栽培宜用天津快圆;长形品种,如爱国者、新绛大红袍或陕西大牛心等。温室越冬栽培在 7 月至 8 月初下种育苗,两膜一苫栽培在 9 月份下种,早春大棚在 10 月下旬育苗。用硫酸铜 200 倍液或高锰酸钾 1 000 倍液浸种 15 分钟消毒,再用清水冲洗。中温期育苗花芽分化好,植株耐寒、矮化,可防止落花、落蕾和僵果。越冬茬选栽耐低温弱光品种。

【营养土配制】 腐熟牛粪 40%,非茄果类茬园土 40%,腐殖酸磷肥 20%,拌 CM 或 EM 有益生物菌肥 500 克。每 667 平方米备苗床 25 平方米,营养土与 45% 生物钾 1 千克拌匀装入 8 厘米口径、10 厘米高的营养钵,或做阳畦整平待播。无杂菌下种,床土疏松而不散墩,营养平衡。勿施化学氮肥和未腐熟粪肥。

【下　种】 先用白酒浸泡种子,畦内浇 4 厘米深水,水渗完后用嘴含种子喷撒,用固体 CM 或 EM 菌 500 克拌土 20 千克覆盖种子,厚为 0.8 厘米,支覆盖物保湿遮阳。当幼苗具 2 叶 1 心时,分栽于营养钵内,或按 8~10 厘米见方栽入划好的格内,栽完后用硫酸锌水 1 000 倍液浇灌,诱长深根早缓苗。

生长后期叶面喷 2 次铜铵合剂,即硫酸铜 50 克、碳酸氢铵 75 克,拌好对水 14 升做叶面喷洒。秧苗标准为根大、无病,秧不过肥,不老化。上用铜制剂、下用生物菌肥喷洒,防止带病秧引起结果期黄萎病死秧。

【设施结构】 鸟翼形长后坡矮后墙生态温室,脊高 3 米,后屋深 1.6 米,后墙高 1.5 米,墙厚 1 米,跨度 8.2 米,长度 60～70 米,前沿内切角 30°,方位正南偏西 9°。两膜一苫及早春拱棚高 1.5 米,宽 5.5 米,长不限。开花授粉期棚内温度夜间最低 12.8℃,白天 25℃～30℃。切勿采用大跨度,室内 10℃以下低温栽培茄子,易缺铜、钙引起真菌、细菌病害,根系受冻老化,产量低 50%左右。

【选 膜】 温室覆盖宜用吉林省白山市喜丰塑料集团股份有限公司生产的聚乙烯三层复合紫光膜,该膜紫外线透过率高,0.08～0.1 厘米厚,每 667 平方米用 80～100 千克。两膜一苫或早春拱棚覆盖宜用聚乙烯紫色或绿色膜,厚 0.07～0.08 厘米,用量 70～80 千克。光照要平衡,提高地温,降低湿度,防止植株徒长和沤根染病。勿用聚氯乙烯膜覆盖圆茄,以免长出阴阳画面果。

【营养运筹】 每 667 平方米按一茬产 10 000 千克设计投肥,需纯氮 32.4 千克,磷 9.4 千克,钾 45 千克。第一茬需施碳 1 660～2 000 千克,第二茬减少 50%,每千克碳可供产鲜果、秆各 10 千克。干玉米秸秆含碳 45%,每千克可供产茄果 5～6 千克。堆积湿秸秆和家畜禽粪中大约含碳 25%。每 667 平方米施 3 000 千克干秸秆,含碳 1 350 千克,含氮 0.45%合 13.5 千克,含磷 0.22%合 6.6 千克,含钾 0.57%合 17.1 千克。1 000 千克鸡粪中含碳 250 千克,氮 16.5 千克,磷 15 千克,钾 8.5 千克。两项合计碳 1 600 千克,氮 30 千克,磷 21.6 千克,钾 25.6 千克,除磷过多外,其他都基本满足。如无干秸秆可施牛、马粪 5 000 千克,含碳 26% 合 1 300 千克,再施腐殖酸肥 250 千克,含碳 50% 合 125 千克;鸡粪 1 000 千克,含碳 250 千克,两项合计含碳 1 675 千克,还可在生长中后期补施含碳 25% 的厩肥 1 000 千克左右,碳的供应已充足。同时需施固体 EM 地力旺 10~20 千克或液体 2 千克,CM 亿安神力 25~50 千克或液体 1 千克对水 10 升拌粪或随水浇入田间。为使营养平衡,实现无病生长、低投入高产出,必须用生物菌分解保护碳营养,吸收空气中的二氧化碳(300 毫克/千克)和氮气(含量 71.3 %),第一年栽茄可增加粪肥 30%,3 年以上的地块持平或减少用粪肥。鸡粪过多会造成氮多伤根死秧,磷多会使土壤板结。因土壤中每 667 平方米含氮 19 千克为平衡,磷要保持酸性均衡供应,故鸡粪要穴侧施或沟施。

【定　植】 按大行 80 厘米,小行 60 厘米,株距 45~55 厘米,每 667 平方米栽 1 300~2 000 株定植。矮小型品种和露地栽培宜密些,每 667 平方米最多可栽 2 300 株;温室内、大型品种宜稀些,为 1 300~1 800 株。栽后以埋住营养土钵为度。栽后用植株诱导剂 800 倍液点灌根茎部 1 次,可增根 50%~70%。合理利用空间和阳光,中后期以地面能有 5% 直射光为宜,这样可使根系健壮。在定植穴内施硫酸铜 2 千克拌碳酸氢铵 9 千克,或固体 EM 地力旺 10~20 千克,固体 CM 生物菌肥 50 千克防止黄萎病,注意后二者不能同时施用。

【浇　水】 栽后 1 小时浇 1 次透水,此后控水蹲苗,促扎深根。温室越冬栽培,冬前浇 1 次透水,防止干旱受冻伤根。开花结果期保持见干见湿,此期水分充足产量高,寒冷季节温度在 20℃ 以上可浇水。根深长果实,根浅叶蔓旺,故应控秧促根。茄秧喜水,但不宜小水频浇。茄子结果期如植株不徒长,不要缺水,防止干旱受冻叶片黄化。

【温　度】　白天温度保持在 25℃～30℃,前半夜 18℃,下半夜 12.8℃。前期防止温度过高要控秧促根,中期保夜温促授粉受精,后期防止夜温过高而使植株徒长,否则将减产30%～50%。如夜温高,可迟盖草苫;反之,应早盖草苫以保温。阴天也应揭开草苫见光升温。

【保蕾促果】　幼苗期用硫酸锌 700 倍液点浇较小秧苗,以便在 7 天左右使秧赶齐。生长期避免植株互相遮荫,使之均匀开花授粉。秧苗徒长时,用植物诱导剂 800 倍液做叶面喷洒,控秧,促长,壮蕾果。开花期在花蕾上喷硼砂 700 倍液(用 40℃热水化开),促花粉粒饱满和散发。低温期喷硫酸锌1 000 倍液促柱头伸出以利于授粉受精。生长中随浇水每667 平方米分 3～4 次施入 EM、CM 生物菌 1～2 千克,以平衡土壤和植物营养。也可用丰产露配绿浪喷洒叶片和花,保蕾促果。每节保证坐果 1 个。防止氮过多、夜温低发生化蕾或僵烂果。

【整　枝】　温室越冬栽培留门茄下近处两个粗壮侧枝,其他枝芽应及早摘除。两膜一苫和早春拱棚栽培的视枝叶拥挤度可留 3～4 个侧枝,以高温强光期叶片能遮盖地面 95%为度。温室留两个头生长,每枝结 7～9 个果,株产 16～17 个果,待果重达 300～500 克时采收,每株产量为 5～8 千克。缺苗处利用两侧株可多留 1～2 个枝;每节留 1 个果,多余小果及早摘掉。

【营养防病】　心叶黄时补铁,下部叶黄时补氮,整株黄时补镁,叶脉皱、空洞果、花不开时补硼,叶缘发皱补钙(用过磷酸钙 50 克、米醋 50 克对水 14 升做叶面喷洒),植株僵化补锌,果膨大慢补钾,即每次浇水或摘果 1 500 千克可施 45％ 生物钾 24 千克,但钾过多产量反而低,可按每 667 平方米施 45％ 生物钾 100 千克产茄果 5 000 千克投入。叶软化时(即轻度真菌、细菌病害)补硫酸铜、肥皂各 50 克,中度软化时用硫酸铜和碳铵各 50 克,重度时用硫酸铜 50 克、生石灰 40 克(分别化开同时倒入一容器),对水 14 升,在气温为 20℃ 时做叶背喷洒,防病效果优异。注意营养供应平衡,谨防超量施用造成浪费和元素间产生拮抗作用。防止磷、氮过多,株果僵化。土壤浓度过大要施 EM、CM 等生物菌减肥解害。

【防　虫】 可在田间挂黄板和晚上用粘胶膜杀虫灯诱杀飞虫。对地下害虫,可用炒麦麸 2.5 千克与糖、敌百虫和醋各 500 克拌匀,在傍晚分 4～6 处放置塑料膜上诱杀,第二天早上捡虫消灭,防止害虫复活。将虫害控制在无大危害的状态下。严禁施用化学农药,防止杀死天敌。

【补充二氧化碳】 采用二氧化碳固体粉中加水产生二氧化碳气体的方法,将室内二氧化碳浓度由 11 时左右的 50～80 毫克/千克提高到 1 200 毫克/千克。在肥料充足的情况下,每隔 20 天左右冲施 1 次 EM、CM 菌剂,用以分解固态碳,补充二氧化碳和吸纳空气中的二氧化碳(含量 300 毫克/千克)和氮(含量 71.3％),可不再采取其他措施补施二氧化碳,就能保证果蔓健壮生长的需要。在气温允许和阳光充足的情况下,将棚膜开开合合,使大气中的二氧化碳进入温室内,以利于提高茄子产量。如果茄子叶片厚、果色好,生长快,可增产 0.8～1 倍。温度在 20℃ 以下、无光照时不施二氧化碳。

【吊蔓脱叶】 温室越冬栽培秧可高达 1.8 米,在 1 米高时,可用尼龙绳引蔓,将果下叶片全部摘掉,防止老叶产生乙烯使植株早衰。应注意通风透光,使营养不浪费。同时,要防止茎秆折断,以避免果实中钾素倒流引起枯叶而减产。

【老株再生】 在 6 月中旬割掉温室中的老株。早春拱棚和露地栽培的在 10 月上旬留植株近地面的一侧芽,每 667 平方米灌施硫酸锌 750 克或 EM 菌 1 千克或 CM 菌 500 克拌红糖 500 克(存放 3 天再施),以促长新芽。1 个月左右可收第一个果,每株收 5～7 个果,续产 2 000 千克左右。幼芽期要防干旱高温。

15. 辣椒栽培

(1)错误做法
幼苗期不注重用铜制剂和生物制剂防止疫病,结果期常引起大面积死秧。定植前不注重杀虫挡雨,浇水降温,喷施硫酸锌,结果期引起病毒病,缩秧缩果,减产 30%～50%。栽植过密引起徒长秧,普遍造成减产。一穴栽植几株,不注重施有机肥和钾肥,不打杈脱叶。

(2)正确做法
【品种选择】 选用中干椒 1 号。中熟,生长期长。抗病毒病强,辣椒干物质含量高,一般年份每 667 平方米可产干椒 520 千克,适合露地栽培。山东省鱼台县主栽品种红魔特长干椒果实羊角形,紫红色,长 15 厘米,粗 4.7 厘米,一级果为 85%。抗病毒病、炭疽病。平均每 667 平方米产干椒 420 千克,高产的达 500 千克。瑞士诺华公司生产的状元红朝天干椒,中早熟,矮秧抗病毒病和疫病,辣干色艳,辣味适中香浓。一般每 667 平方米产干椒 300～350 千克,为晋南主栽品种。威箭 F_1 朝天椒为韩国进口品种,辣味浓,口感好,每 667 平方米用种子 20～30 克,单株栽 2 800 棵,株产 300 个辣椒,每 667 平方米产鲜椒 2 500 千克,干椒 500 千克左右,为 2005 年大连、广州市主要出口品种。

【做育苗畦】 每 667 平方米需备 1.6 米×6～7 米的苗床,苗钵 6～8 厘米见方,床土配制为阳土 6 份,杂肥 4 份。每平方米营养土拌 EM 菌 50 克或 CM 菌、生物钾、过磷酸钙 0.5 千克,与杂肥充分拌匀后施入,以平衡营养。勿用化学氮肥。

【种子处理】 播前将种子晒两天后放入清水中漂洗,晾干表面水分,用 1‰硫酸铜溶液(0.5 升水加入 5 克药)浸泡 15～20 分钟,用多菌灵、苗菌敌溶液也可。然后用清水冲去药物,放入瓦盆,用 50℃～55℃热水浸种,边倒水边搅拌,待水温达到 30℃时停止,在 30℃处放置 12～20 小时,使种子吸足水分,待胚芽萌动裂嘴后播种。泡种时间勿过长,以免种子激素外渗,影响发芽率和长势。

【播种覆盖】 播种期按前作收获期 60 天确定。冬闲露地栽培宜在 3 月上中旬播种,4 月底移栽。干红椒在 2～4 月均可播种育苗,但以及早为好。苗床浇 4 厘米深水,水渗后在床面上撒一层细营养土,均匀播入种子,覆 0.5 厘米厚的细沙土,支架盖膜。直播的在清明节前后播种,地泡湿后做垄,用锄开 1 厘米深、10 厘米宽的浅沟,播种后,覆 3 厘米厚的土整成拱形,3～5 天后刨去 1.5 厘米厚的土,以提高温度,促苗出齐。

【苗床管理】 种子不出土不揭膜,床面有缝时用细土盖严。苗出齐后进行疏苗,间距为 3.3 厘米,切方,使根集中生长在本钵。幼苗生长中后期注意通风、降湿,以控秧防止徒长。待苗具 8～10 叶时,取炒香的麦麸 0.1 千克拌敌百虫、醋、糖各 100 克,放置畦内诱杀地下害虫,用敌敌畏熏杀或用黄板诱杀飞虫,雨天用塑膜挡雨防止传染病毒。用 3%绿亨 1

号 300 倍液防治真菌、细菌病害。在苗期如果不是特别干旱不浇水。地上地下生长平衡。对矮化苗，喷 700 倍液硫酸锌放秧；对徒长苗，喷植物诱导剂 1 000 倍液控秧；对干瘦苗，喷浇 1 000 倍液 EM 生物菌肥壮秧。

【肥料运筹】 按每 667 平方米产 500 千克干红辣椒，需碳素 1 000 千克，合含碳 45% 的干秸秆 2 200 千克。常用含碳 25% 左右的牛粪、鸡粪各 2 000 千克为准。第一年或土壤瘠薄可多施碳素粪肥 1 倍左右，也不会伤秧。冬闲前深耕暴晒，开春后细耙。结果期追施 45% 生物钾 22 千克或草木灰（含钾 5%）200 千克，赛众 28 矿物复合营养 10 千克或固体 EM、CM 菌 10～25 千克，液体 2～4 千克，即可满足生长需求。注意营养平衡，不浪费肥料，不伤秧。若碳营养和有益生物菌到位，干椒色香诱人。

【定　植】 中干椒 1 号、红魔特长株行距按 25 厘米×75 厘米，状元红按行距 65 厘米，株距 25 厘米定植，每穴植 3～4 株，或按行距 34 厘米，每穴植 2 株，每 667 平方米植 8 000～12 000 株。威箭 F_1 单株定植，每 667 平方米栽 2 800 株。定植深度以原育苗土基为准，刨穴，撒生物菌肥 10～25 千克，放秧覆土，向根茎灌入植物诱导剂 800 倍液，1 小时后点水或浇水，水渗后覆土或破板，覆盖地膜。重茬地疫病严重，每 667 平方米可在定植时用硫酸铜 2 千克拌碳酸氢铵 9 千克闷 24 小时后放入穴内进行彻底消毒，勿与生物菌肥同施。实行合理密植，使群体受光均匀而不徒长。按地域和品种说明确定种植密度。

【管　理】 定植后 5～7 天缓苗，而后控水蹲苗，25 天左右视墒情浇水放秧，冲入液体生物菌肥 2 千克或硫酸锌 1 千克，以扩大叶面积，防治病毒病。在 6 月中下旬尽可能使植株叶片封地达 85％。对僵化秧、个别小叶秧或片域小苗用锌营养 1 000 倍液喷叶。开花时,遇高温喷硼、钙营养液;虫害期,喷铜、硅、钼营养液;膨果期,冲施钾营养,按 45％生物钾 50 千克产鲜辣椒 4 500 千克投入。每隔 7～10 天,叶面上喷绿浪、丰产露混合叶面肥,愈合伤口,保叶保蕾。用黄板和频振式杀虫灯诱杀飞虫,用银灰色膜驱避害虫。用苏云金杆菌生物剂杀灭钻心虫,用苦参碱、茼蒿素、苦楝素、生物源、齐螨素等生物农药灭虫。用新植霉素、生物农药、铜(或锌)营养制剂防治猝倒病、立枯病和疫病。轻度病害每隔 7 天喷 1 次铜皂液(硫酸铜、肥皂各 50 克对水 14 升);中度病害用铜铵合剂(硫酸铜和碳铵各 50 克对水 14 升);重度病害用波尔多液(硫酸铜 50 克、生石灰 40 克对水 14 升)喷叶背,效果优异。按每 667 平方米产干椒 500 千克管理。禁止施用六六六、DDT、甲拌磷(3911)、对硫磷(1605)等有残毒的农药。

【采 收】 10 月下旬后随着气温下降转冷,待辣椒植株自然枯死、果实在植株上自然晾干后拔起,放在通风处自然脱水,摘椒分级晾干保存。如辣椒着色期保持田间干燥,可使辣椒自然着色率达 80％以上。收获前 15 天禁止浇水和施氮肥。

16. 黄瓜栽培

(1)错误做法
不少菜农把缺铜引起的细菌性角斑病当作真菌性霜霉病防治,造成误诊而导致严重减产;对缺钾引起的霜霉病不注重补钾,最终导致毁秧。另外,由于缺硼引起的弯瓜现象比较普遍。

(2)正确做法
【茬口与品种】 越冬茬续老株再生选用绿冠、裕优 3 号、津优 31 号等产量高、抗性强、宜嫁接、耐低温弱光的品种。延秋茬和早春茬温室和拱棚栽培的,选用津优 1 号、津优 2 号等形状好、耐高温、品质好的品种。越冬茬 9 月份播种育苗,延秋茬 7 月下旬直播,早春茬 12 月下旬播种。温室越冬栽培的每 667 平方米产黄瓜 15 000 千克,早春和延秋茬产 8 000 千克。夏种勿冬用,冬种勿春用。

【营养土配制】 园土 4 份、8 成腐熟的牛粪 4 份、财吉牌腐殖酸肥 2 份拌 CM、EM 或农大哥菌剂 0.5 千克、磷酸二氢钾 1 千克,混匀过筛装入营养钵或整理成阳畦待播,这样营养合理,透气性好,土团不易松散。切忌施用杀菌剂、未腐熟粪肥和化肥。

【下种分栽】 将种子冰冻或用 55℃热水浸种,捞出用铜制剂消毒后投入 30℃温水浸泡 4～6 小时。取新烧过的蜂窝煤粉碎过筛,放置盆中,将种子均匀播入,浸湿 3 天即可出齐。芽壮、耐寒、抗病、子叶大。浸种时要搅水透气,勿使种子缺氧窒息而烫死。待幼苗 2 叶 1 心时,从煤渣盆中起出,分栽入营养钵或阳畦,用有益生物菌或铜制剂拌硫酸锌 700 倍液灌根,防治猝倒病引起的死秧。先用铜制剂后用生物菌肥为好,不能同时混用。

【适宜温室结构】 采用跨度为 7～8 米的鸟翼形矮后墙长后坡生态温室,适宜越冬一大茬续老株再生。冬至时室内最低温度在 10℃以上,可栽培嫁接黄瓜。9～12 米跨度适宜安排延秋茬续早春茬,一年两作,容易获得高产、高效。越冬茬栽培可采用黄瓜与南瓜嫁接,延秋茬或早春茬栽培可采用自生根。

【选膜要求】 冬季覆盖聚乙烯紫光膜温度比绿色膜高 1℃～2℃,透光率为 5%～10%,适宜在 4 月份前高产优质栽培覆盖。利用聚乙烯三层复合绿色无滴膜做越冬栽培,透光性好,4月份后遮阳效果好,生长采收期长。早春茬或延秋茬宜选绿色聚乙烯无滴膜和白色膜,耐老化,不吸尘,成本低廉。这四种膜的增产比例为 15∶8∶3∶0。冬季擦棚膜,夏季遮阳,可增产 34%左右。

【肥料运筹】 温室按每 667 平方米产 15 000 千克计算,每千克碳可供产瓜 12 千克之需,第一茬或土壤瘠薄需多施有机碳素肥 1 倍左右,共投入碳素营养 2 500 千克;第二茬减半施用,施氮 39.4 克,磷 22.5 千克,钾 52.5 千克。早春大棚和露地产量低,可按比例下浮用肥 30%~60%,基肥每 667 平方米施含碳 45%的干玉米秸秆 4 000 千克堆沤肥,含碳量 1 800 千克,含氮 0.45%合 18 千克,含磷 0.22%合 8.8 千克,含钾 0.57%合 22.8 千克。或施牛、马、羊粪 7 000 千克,含碳 25%合 1 750 千克,含碳 50%的腐殖酸肥 200 千克合 100 千克,计含碳 1 900 千克。再拌入鸡粪 1 500 千克,含碳 25%合 375 千克,含氮 1.6%合 24 千克,含磷 1.5%合 22.5 千克,含钾 0.85%合 12.75 千克。两种肥合并含碳 2 275 千克左右。生长中后期还需追施少量碳素肥,如含碳 8%的人粪尿 2 500 千克,分 5 次施入。或施含碳 25%鸡、猪粪肥 1 000 千克左右,即可保证碳的需要。含氮总量 56 千克,磷 36 千克,钾 52 千克,允许土壤缓冲氮、磷超量 30%左右,需每 667 平方米施 EM、CM 有益菌 2 千克,以吸纳和保护氮素;不断分解磷,防止失去酸性而与土壤凝结失效,做到均衡供应。52 千克钾等于含钾 45%的生物钾 115 千克,按每千克产瓜 50 千克计算,可维系产量 6 000 千克左右,尚需在结瓜中后期补充 45%生物钾 180 千克,即可保证产瓜 1.5 万千克对钾的需要量。3 年以上的地块施肥可减少 30%左右,常用生物菌肥可吸纳空气中的氮(含量 71.3%)和二氧化碳(含量 300 毫克/千克),即可达到植物和土壤营养的平衡。鸡粪过多会引起氮多伤根死秧,磷多土壤板结。如碳、钾充足,氮、磷不浪费、不过多而造成为害,则土壤可持续利用。因土壤中每 667 平方米保持有 19 千克氮为浓度平衡,磷保持酸性才能均衡供应,故肥应混合沤制后 1/3 用于普施,2/3 用于深沟施。无须补充氮、磷化学混合肥料。

【温　度】　白天室温控制在 25℃～32℃,前半夜 18℃～16℃,下半夜 10℃～12℃;地上与地下、营养生长与生殖生长平衡。小瓜少时,白天温度降至 20℃～24℃以诱生幼瓜;小瓜多,将温度升高到 30℃～32℃促长大瓜。

【水　分】　结瓜期要求空气相对湿度保持在 85%。大棚南缘和顶部开两道缝,可及时排湿。20℃以上即可浇水,生长中后期保持小水勤浇。要求保持土壤含氮 100 毫克/千克,含磷 24～40 毫克/千克,含钾 240 毫克/千克,每次 45%生物钾最佳施入量为 24 千克,土壤持水量为 75%,共浇 40 次水左右。秧蔓不脱水,叶背少积水,可防止染病。每次浇水按比例施生物制剂或钾肥,不要空浇清水。越冬茬、延秋茬迟盖地膜。早春茬栽苗时及时盖地膜,勿开底缝通风。

【光　照】　光照下限为 1 万勒,上限为 5.5 万勒。如小瓜少,可创造低温、弱光、短日照环境以诱生幼瓜;小瓜多,可创造高温、强光、长日照环境提高产量。光照过强要遮阳;光照过暗,可吊灯、挂反光幕、施生物菌肥、擦拭棚膜增光。防止光照过强而灼伤叶片,光照过弱使根萎缩。

【绑　蔓】　注意适时绑蔓,冬至前后和 5～7 月低温、高温期,将蔓落到 1.3 米左右,9～11 月和翌年 2～4 月将蔓提高到 1.7 米左右,以充分利用空间,避免热害、冻害伤秧。摘

— 40 —

除黄叶、老叶、过密叶、伤叶、病叶和腋芽,防止产生乙烯使植株加快衰老或浪费营养。

【气　体】　白天太阳出来 1 小时后,将夜间所产生的二氧化碳吸收,10～12 时进行人工补充二氧化碳。如施足碳素类肥,并分 10 次左右施 CM 菌、EM 菌或农大哥有益菌,二氧化碳可保证长期的需要。碳、氮比为 30∶1,可增产 0.6～1 倍。谨防过多施生鸡粪和人粪尿产生氨气伤秧,造成栽培失败。

【防死秧】　第二茬后或发现枯萎病,每 667 平方米随水浇入硫酸铜 2 千克或经常用生物菌肥占领生态位,这样一般就不会出现粪害、病害。定植后,灌 1 次植株诱导剂以壮根控叶,增强植株自身调节力,可防死秧。喷施铜、锌、锰等营养剂以平衡植株生长,使其健壮生长。切忌施用化学农药,否则虽然灭菌快,但杂菌繁衍也快。如用药浓度过大,菌虫体快速形成保护焦质层,药液渗透性差,效果不好,同时使植株抗性下降,中后期难以管理。

【补充营养素防病】　对细菌性病害如角斑病等,可叶面喷施或根施钙素、铜素。真菌、细菌性病害较轻时,可用硫酸铜、肥皂各 50 克,中度病害用硫酸铜和碳铵各 50 克,重度病害用硫酸铜 50 克、生石灰 40 克分别化开,对水 14 升,在温度为 20℃～23℃时做叶背喷洒防治。叶片萎缩时,用 50 克过磷酸钙、50 克米醋对 14 升水经过滤取清液喷洒补钙,防病效果优异。对真菌性病害如霜霉病、白粉病,可施钾、硼素。对僵株、老化株、肥害和药害株,每 667 平方米追施硫酸锌 1 千克 1 次即可。对因大头瓜、弯瓜、裂口瓜造成产量低的,补钾、硼素,(用热水化开,每 667 平方米施 0.5 千克,一生只施用 1～2 次)。如心叶黄,补充铁素;下叶黄,补充氮素;整株叶黄,补充镁素;叶下垂,补充钙素。发生病毒性病害时,浇水降温,喷锌、硅素灭虫;对花小、叶僵秧,及时补施腐殖酸肥,补充碳、镁、锌等,配合以缩短 15℃～21℃ 温度时间和降湿、稀植等措施防病。注意环境营养平衡,少染病。营养素用量切勿过大,经常喷施生物菌,调节植物内在营养素。

【覆盖物】 冬季早揭早盖草苫,早见光夜温高;高温长日照期迟揭早盖,创造短日照环境,以促生雌瓜。傍晚以盖后 1 小时室温在 18℃ 左右为宜。后半夜温度不能高于 13℃。寒冷季节在草苫外再盖一层膜,室内再架一道膜,可增产 20% 左右。连阴天也需揭苫见光,放晴后切勿大通风,以免闪秧。连阴天光弱,可叶面喷 CM、EM,以平衡营养,可使根不萎缩。放晴后炼苗,揭苫和通风透气可逐步加大。

17. 西葫芦栽培

(1)错误做法

习惯认为,温度高则西葫芦长得快,植株旺,长势好。其实,温度高根必浅,营养生长过旺,必然影响结瓜,造成西葫芦秧徒长、化瓜、易染病毒病。不注重施牛粪、秸秆等含碳肥,只注重施鸡粪,往往减产 50% 左右。

(2)正确做法

【鸟翼形生态温室建设】 越冬栽培温室方位正南偏西 7°～9°,后墙高 1.5 米,脊高 2.85～3 米,跨度 6.6～8 米,墙厚 1～1.2 米;前沿内切角 28°～58°,后屋深 1.6 米,长度 50～70 米。冬至正午 12 时室内四角有光,比琴弦式温室可增加日照数 11%;温室仰角大,日照增加 30 分钟;空间小,升温快;保温效果好;贮热抗寒;进光量比琴弦式大 17%;冬暖夏凉;护苗空间小,适宜越冬专用。病害重,源于缺素;缺素源于生态环境恶劣,故需推广生态温室和大暖窖,才适于生产西葫芦。冬至前后最低室内夜温在8℃～12℃,适宜西葫芦正常授粉生长,不易染病,春、秋一年两作选择两膜一苦、拱棚、专用温室,避开"三九"和"三伏"天生产。华北地区利用9～11月和翌年2～5月光照与温差生产,效果尤佳,温室栽培时间也可适当放宽。

【品种与茬口】 越冬西葫芦选用应京葫1号、冬玉、寒玉等品种,10月下旬至11月中旬播种,11月下旬至翌年4月上市;早春茬2月上中旬播种,3月中旬上市,5～6月份结束;延秋茬西葫芦选用长青1号、京葫、早青一代等品种,8月播种,10～12月上市。温室越冬栽培,每667平方米产量10 000千克;早春茬每667平方米产量7 000千克;延秋茬每667平方米产量3 500～5 000千克。用植物诱导剂灌根1次,以防止徒长和发生病毒病。越冬茬在冻前浇CM菌肥或EM生物菌肥防冻害,促授粉;延秋茬在苗期浇硫酸锌1千克,杀虫、降温、保湿、防病毒病。

【种子消毒】 用55℃热水浸种,用高锰酸钾1 000倍液或硫酸铜300倍液浸泡种子杀灭杂菌。由于种子均在腐败残体植株上采籽,均携带病菌,因此要注意用无病菌种子育苗。干种子可在73℃高温下热处理72小时灭菌,或浸水后在−15℃～−20℃冷冻11小时灭菌,抗病效果优异。每667平方米备25～30平方米苗床,用40%财吉牌腐殖酸肥或新烧过的蜂窝煤炉渣,40%阳土,20%腐熟牛粪,33%生物钾肥2千克,地力旺500克或亿安神力菌肥250克配制营养土。深根多无病苗,因深根长果实,浅根长叶蔓,病害多在苗期潜伏,后期表现。勿用氮、磷化肥和未腐熟肥。

【土　壤】 沙性土质增施有机质肥;黏性土质拌沙,深耕35～40厘米。改良盐渍化碱性土壤,每667平方米施石膏80千克,酸性土壤施石灰100千克,以平衡酸碱度。土壤含氧量达19%,pH以6.5～8.2为宜。碱性土做平畦栽培,酸性和中性土行垄作。有机质含量为2.5%左右,以砂壤土为好。土壤浓度为4 000～6 000毫克/千克。保水保肥,疏松透气。勿施肥过重,否则会使植株根系反渗透而脱水或缺氧而染病。

【肥料运筹】 每667平方米产瓜10 000千克,每千克碳可供产鲜蔓、瓜各10千克,按瓜果占50%,土壤中碳素缓冲量占1倍左右,需施碳素1 660千克。第二茬减半,氮26千克,磷15千克钾35千克,施含碳25%左右的湿秸秆堆肥、牛马粪5 000千克或含碳45%的干秸秆3 000千克左右,含碳1 350千克左右。牛粪中含氮0.32%合16千克,含磷2.1%合10.5千克,含钾0.45%合22.5千克。鸡粪1 000千克,含碳250千克,含氮1.6%合16千克,含磷1.5%合15千克,含钾0.85%合8.5千克。这两种粪合计含碳1 500千克,氮32千克,磷25.5千克,钾31千克,磷多1倍,氮、钾基本满足,碳缺160千克,需补含碳50%的腐殖酸肥300千克,或分4次冲入人粪尿(含碳8%)2 000千克,多施30%的生物钾也有增产幅度。结瓜期可分2～3次补施45%生物钾50千克,固体EM地力旺菌肥10千克,液体EM地力旺菌肥6千克,以解钾释磷固氮,使氮、磷、钾比例为2∶1∶5～6,碳、氮比达30∶1,土壤含有机质2%～3%,氮100毫克/千克,磷40～60毫克/千克,钾240～300毫克/千克。使土壤营养平衡,地下根与地上蔓生长平衡。粪肥粉碎过筛或用CM菌、EM菌2千克分解开,并可吸纳空气中氮(含量71.3%)和二氧化碳(含量300毫克/千克),腐熟度为七八成;否则,易失去营养或烧伤根系染病。又因土壤中氮保持 19 千克为浓度平衡,磷需保持酸性才能持久供应,故粪肥应一半作普施,一半作沟(穴)施。

【水　分】　苗期控水切方移位囤苗;定植后控水蹲苗,促扎深根;结果期浇小水,宜选用微喷灌,地面见干见湿,控水控湿控秧,防病促瓜。培育深根矮化秧苗。防止干旱冻害和积水缺氧沤根而染病死秧。

【种子与栽植密度】　选用北方产的种子,病菌少,籽粒饱满,抗寒性强。秧壮,抗逆性强,产量高,形状好。淘汰瘪籽、破籽和带菌籽。疏枝摘叶,通风透光,单株产量高,品质和效益好。每 667 平方米栽纤手 1 100 株,或冬玉 1 600 株,或早青1 800 株。温室越冬栽培宜稀植,早春、越夏栽培宜密些。疏枝疏叶,互不遮阳;不拥挤丛长,叶蔓不疯长,没有无效叶和枯叶。防止密植、株旺、病多、果实产量低。

【温　度】　白天温度保持 20℃～25℃,上半夜 17℃～16℃,下半夜 6℃～10℃。正常授粉受精,秧适中,瓜多而生长快。谨防温度过高而徒长、化瓜;温度过低使秧僵化和受冻害而染病。

【气　体】　田间主施碳素肥(干秸秆含碳 45%、牛粪含碳 26%、腐殖酸肥含碳 30%～54%),在 EM、CM 等有益菌剂作用下产生二氧化碳,增产幅度 30%～80%。防止氨气、二氧化硫、一氧化碳中毒染病。

【薄　膜】　越冬茬应选用聚乙烯紫光膜,此膜在寒冷季节透光保温性高,4 月份前产量高;早春、延秋两作用聚乙烯绿色和白色膜。昼夜温差大,植株根深、蔓矮、果实大,增产幅度为 25%～30%。切忌用高温聚氯乙烯膜在早春、延秋栽培中覆盖中温性西葫芦,以免灼伤叶片或徒长。

— 45 —

【光照平衡】 冬季擦膜、后墙挂反光幕和吊灯补光;夏季在棚面上泼泥水挡光降温。西葫芦适宜光照度为 1 万～4 万勒,晋南地区 6～7 月份光照度最强,为 10 万勒。增产 34% 左右。夏季用遮阳网注意切勿过度遮光,以免蔓在弱光下徒长;光弱时要揭网补光。

【防　病】 叶面补锌、硅,以防治病毒病;施钾、硼,以防治真菌性病害;喷施铜、钙素,以防治细菌性病害;喷有益菌,以分解和平衡营养,以菌克菌。对轻度病害用硫酸铜和肥皂各 50 克,中度病害用硫酸铜和碳铵各 50 克,重度病害用硫酸铜 50 克、生石灰 40 克,分别化开,同时倒入容器,对水 14 升喷叶背,效果优异;同时,配合以缩短 15℃～21℃温度的时间,控制病菌发生发展,降湿、防干旱预防病害。补充营养可防病抑菌,提高植物抗性。补充元素勿过量,以免产生拮抗作用,或使渗透性不良,效果差。生物剂与铜制剂勿混合施用。

【生态防虫】 沤粪时施生物菌或中草药剂防虫。将炒香的麦麸、敌百虫、糖、醋按 5∶1∶1∶1 比例制成毒饵诱杀地下害虫;用电灯泡粘胶膜捕杀或药剂熏蒸、黄板诱杀等方法消灭温室内飞害虫。无虫、植物无伤即无病毒病。保护蚯蚓和天敌,禁止随水浇化学剧毒农药。

18. 冬瓜栽培

(1)错误做法

不注重施牛粪、秸秆等碳素肥和硫酸钾肥,侧重施鸡粪和三元复合肥。不了解冬瓜的根吸收能力特强,施肥不当往往造成叶旺而化瓜,致使产量降低,瓜不耐贮藏。

(2)正确做法

【品种与茬口】 温室和早春拱棚栽培宜选用甘肃省酒泉

市"全能888"大型冬瓜,每667平方米产量为9 000千克左右。露地栽培宜用耐贮运的广东"后基冲"青皮冬瓜,或802黑皮冬瓜,或北京"火车头"大冬瓜,每667平方米产量为15 000千克左右。

【浸种催芽】 种子用清水浸2～3小时,取出稍晾去表面水分,放入福尔马林100倍液或96%硫酸铜300倍液浸泡30分钟,取出用清水冲洗干净,置30℃清水中浸泡14小时,待剖开种子见其内无干心、两片子叶分离时,即可进行催芽。用干净布包好,放在30℃～35℃处,每天用30℃温水淘洗2次,3天后出芽。也可用相当于种子量5倍的60℃热水浸泡,注意要先在容器中放入种子,后倒入热水,并不断搅拌,当水温降至30℃时搓去种表黏质物,再用清水泡14小时后催芽。彻底消灭种子所带的病菌,活化种酶,苗齐苗壮。勿使种子烫伤、熟化或浸泡时间过长,否则种子酶外渗将影响生长力。

【畦地准备】 用50%的园土,20%的七成腐熟牛粪或骡、马粪,30%的新蜂窝煤炉灰或堆粪底土,拌入过磷酸钙1千克或赛众28(矿物复合营养),EM或CM生物菌500克,生物钾500克充分拌匀后耙平踩实配制成床土,播前5天浇3厘米深水。这样,营养平衡,可培育出抗病苗。禁用化学合成的复合肥和氮肥。

【播 种】 华北、西北地区温室栽培在12月上中旬下种;早春拱棚在1～2月上旬播种;露地栽培于3月上旬在温室或阳畦育苗。山西省新绛县汾南片多与早春拱棚甘蓝间作,汾北片多与棉花间作,按宽行2米、小行0.5米起垄,4月上旬直播在垄背。育苗待70%种子"露白",选晴天中午按8～10厘米见方,往阳畦内摆1粒种子,每粒上覆少许细土呈小堆,小堆高1.5厘米,宽6～7厘米,播完覆盖薄膜草苫,出芽后待 2 叶 1 心时划方或移入营养钵,排开播种,均衡上市。

【苗床管理】 每天太阳出来 1 小时后揭开草苫,让阳光充分照射入床内,待出苗 80%、温度达 20℃以上时,揭开薄膜小口通风炼苗、排湿,不特别干燥不浇水。待幼苗具 2～3 片真叶时喷洒 EM、CM 生物菌,消灭杂菌促平衡生长;叶面补铜(增厚茎秆皮层,抑制杂菌侵害)、锰、锌(增强抗性防矮化)、硼(防止叶皱)、钙(防止生长点干枯,叶片干烧边),补充营养,增强抗逆抗病性。待株高 10 厘米、具 4 叶 1 心时,揭去畦上一切覆盖物。这样,可培育出叶色浓绿、茎秆粗壮的幼苗。勿用化学杀菌剂防病,以免杀死有益菌和降低幼苗免疫力。

【肥料运筹】 冬瓜根系发达,吸收营养能力强,前作种菜或与蔬菜间作一般少施基肥也能高产。每 667 平方米产瓜10 000 千克,每千克碳可供产鲜蔓、瓜 10 千克,土壤中碳素缓冲量占 1 倍左右,需施碳素 1 660 千克;第二茬可减半,施氮26 千克,磷 15 千克,钾 35 千克,施含碳 25%左右的秸秆堆肥或牛马粪 5 000 千克(或含碳 45%的干玉米秸秆 3 000 千克左右),含碳 1 250 千克。牛粪中含氮 0.32%合 16 千克,含磷2.1%合 10.5 千克,钾 0.45%合 22.5 千克。鸡粪 1 000 千克,含碳 250 千克,含氮 1.6%合 16 千克,含磷 1.5%合 15 千克,含钾 0.85%合 8.5 千克,两种粪合计含碳 1 500 千克,氮32 千克,磷 25.5 千克,钾 31 千克,磷多 1 倍,氮钾基本满足,碳缺 160 千克,需补含碳 50%的腐殖酸 300 千克,生物钾多施 30%也有增产效果,结瓜期可分 2～3 次补施 45%生物钾50 千克,EM 地力旺固体菌肥 10 千克,EM 地力旺液体肥 2千克,以解钾、释磷、固氮,氮、磷、钾比例为 2∶1∶5～6。碳、氮比为 30∶1,土壤含有机质 2%～3%,氮 100 毫克/千克,磷40～60 毫克/千克,钾 240～300 毫克/千克,拌 EM 固体肥 10

千克或 CM 有益菌肥 50 千克。因土壤中每 667 平方米保持氮 19 千克为浓度平衡,磷要保持酸性供应,故粪应一半作普施,一半作穴施。小型品种和保护地栽培支架吊蔓,按 1.5 米行距做畦;露地大型品种让蔓自然生长,按大小行做畦,大行距为 2 米,小行距为 0.5 米,提前刨坑,使穴土经过充分日晒。合理投肥,不多余不浪费。注重施有益生物肥,以吸收空气中氮素(含量 71.3%)和二氧化碳(含量 300 毫克/千克),可保持植物50%~70%对氮的需求,其他部分由肥供应,中后期下部叶发黄时可施人粪尿,每次保护地内施 300 千克以内,露地施 500 千克左右,谨防氨气伤叶。人粪尿与生物菌混施可解碳、固氮、防氨害。

【定　植】　保护地内地温能保持在 14℃,气温在 11℃ 以上时,可随时定植或下种;露地在 4 月底及早刨坑放秧,每穴 1 株,大型冬瓜株距为 30 厘米。直播在畦垄上,每 667 平方米栽 2 000 株左右。小型品种 28 平方厘米见方植 1 株,每 667 平方米留 2 300 株,然后点浇植物诱导剂 800 倍液(即原粉 50 克用 500 毫升热水冲开,对水 40 升),每株在根系处浇灌 35 毫升,1 小时后再点水 500~1 000 毫升覆土。保护地栽培应合理稀植,露地栽培应合理密植。灌植物诱导剂可增加根系 70% 左右,矮化叶蔓,提高光合强度 50%~400%。施植物诱导剂勿过多,仅施 1 次即可。

【营养管理】　株高 30 厘米时搭高 2 米的人字架,蔓高 1 米可缚架,开花结瓜期喷硼砂 700 倍液(用热水化开),促花粉饱满和授粉;秧苗矮化时喷硫酸锌 1 000 倍液,促柱头伸长和叶片扩大。苗不整齐,可用锌 700 倍液浇施使苗赶齐。45% 生物钾按 100 千克产瓜 5 000 千克投入。注重施生物菌肥,每次施液体生物菌肥 1~2 千克和赛众 28。华北地区土壤不缺钙,在常温下施生物菌肥即可满足供应。气温过高过低,缺钙时可在叶面喷 2 次过磷酸钙米醋浸出液 300 倍液和 EM 巨能钙。平衡营养,苗期控水促根,中期促叶封地,后期控叶促瓜。谨防磷过多使土壤板结,水分过大、夜温高使叶大徒长、染病和减产。生物钾和生物菌肥尽可能穴施,随水冲施也可。

【整枝留瓜】 保护地内宜单蔓整枝。小型品种从第二朵雌花处留 1 个瓜,每株留 3～4 个瓜,待瓜长至 3～4 千克时采收。露地大型品种顺宽行引蔓对长,即两行生长点相反方向引蔓,从小行浇水。大型品种在第九至第十七节之间留瓜,单瓜重为 15～30 千克。苗期白天温度控制在 23℃～27℃,夜间 15℃～18℃,有利于花芽分化。雌花授粉期喷丰产露保花蕾,喷绿浪保叶,提高光合强度可保花保瓜。幼瓜膨大期在瓜上喷 20 毫克/千克赤霉素加 500 倍液的白糖水,可提高瓜的质量。调节环境保壮蕾,集中营养长大瓜。及时打顶摘侧枝,勿贪多结瓜而长不壮实。小型品种早摘瓜以促长后续瓜。

【防治病虫害】 真菌、细菌病害轻度时用硫酸铜和肥皂各 50 克、中度病害用硫酸铜和碳铵各 50 克、重度病害用硫酸铜 50 克、生石灰 40 克,对水 14 升做叶背喷洒,防病效果优异。在温室内挂黄板诱杀飞虫,设防虫网,在田间傍晚放置用炒麦麸拌醋、糖、敌百虫制成的毒饵(5∶1∶1∶1)诱杀地下害虫,以不造成大危害为准。严禁用化学剧毒农药杀虫杀菌,其虽灭菌快,但反复也快,并使作物抗性下降。

【采收贮存】 保护地内栽培待价格较高时摘瓜出售,露地栽培,在茸毛稀伏、皮色转深或白粉干燥、叶蔓开始老化前带柄采收。采收后,外界气温凉爽,按摘时长形码垄在一起,最高垄 3 层,随天气转凉,覆盖草蔓护瓜。10 月中下旬,最低气温达 15℃左右时运回放置室内,室内提前用高锰酸钾熏染消毒,下垫草。前期白天气温高,紧闭门、窗防热腐瓜,晚上开门、窗放进冷气降温;后期外温低,白天开门、窗进温,晚上紧闭门、窗,盖草苦防冻。室温保持在 10℃～15℃,30 立方米室内可存 5 000 千克冬瓜。贮存垒瓜限高 3 层,按生长态势放置,勿倒垒,以免瓜瓤损伤而内腐。拟采后做贮存的瓜在后期不浇水或少浇水,至少果前 15 天不能浇水,在 10℃～12℃处保鲜贮藏,价高时出售。

19. 莲藕栽培

(1)错误做法

不少农民不了解秸秆、牛粪中的碳在生物菌肥的作用下,能将碳、氢、氧、氮直接组装到植物体上。多数人不知道碳、钾、硼三要素决定莲藕的产量,往往造成叶大秆高,产量降低 50%～90%。

(2)正确做法

【品种质量】 山西绛州莲藕可追溯到 1 400 多年前的隋朝,称白莲藕。其莲花以全白色为多,少数为粉白色,花和莲子少,以每株 1 花为多。叶大 80～90 厘米,柄高 1.8～2.1 米,主藕 4～5 节,节长 15～20 厘米,粗 9～12 厘米,把长40～60 厘米,总长 120 厘米以上,肉厚 1～1.2 厘米,气孔0.3～0.6 厘米,共 11 眼,藕芽为紫红色,成藕皮为白黄色,有自然小斑点,去皮后肉呈乳白色。藕头生食脆甜,莲藕油炸食脆香,炒食内脆外滑,水焯食感清脆,无纤维感,蒸煮食软绵、拉丝。入泥 30 厘米,中晚熟,8 月下旬充分成熟,这时食用口感硬,每 667 平方米产 2 500～4 500 千克。待霜降后,叶片冻枯,叶、秆中的钾充分转移到藕节上,藕丰满,淀粉转变成多糖,味变甜。

【藕种准备】 选用整藕带亲子藕幼芽做种,4月上旬从上年生产田带少量泥挖起,无大损伤,不带病,随挖随栽,保持新鲜。如需在室内或途中保存,不能超过10天,每667平方米用种藕450千克。保证种藕不脱水,选上年长势旺的地域留种,可健壮、优良繁衍。有黄褐色藕心地域生产的藕不能留种。

【藕池准备】 选择有纯净泉水和河水两岸进排水方便的地块,pH为6.5～8,偏碱土壤施石膏80千克,偏酸土壤施生石灰100千克。藕地以方形或长方形为宜,面积以每池150～300平方米为度,堰底宽80厘米,顶宽50厘米,高66厘米,土面踏实,池与池之间可自然流水。池底整平,可存10～40厘米深的水,亦可排完积水。

【肥料运筹】 按每667平方米产莲藕5 000千克设计,每千克碳可生产鲜茎秆与藕各10千克,藕占50%,大约需碳1 000千克。土壤瘠薄可多施碳0.5～1倍不伤秧,氮24千克,磷11千克,钾51千克,硼0.6千克,允许土壤缓冲超量30%左右。每667平方米施畜皮毛和饼肥100千克,含碳40%左右,合80千克,含氮、磷、钾分别是4%、1.5%和0.9%;施鸡粪750千克,含碳25%合碳187千克,含氮1.65%合氮16千克,含磷1.5%合磷11.2千克,含钾0.85%合钾6千克。含碳45%的玉米秸秆和豆科干秸秆各1 000千克,含碳900千克,氮9.6千克,磷7.6千克,钾12.8千克,总含碳1 167千克,氮25.9千克,磷20.3千克,钾20千克,前三种元素充足,惟缺钾,可在藕节膨大期追施,按45%生物钾100千克产藕5 000千克投入,约需80千克,分3次施入;另施硼砂1千克。粪肥需用EM地力旺、CM亿安神力或农大哥等固体生物菌肥20千克左右或液体菌肥2千克混合施入。中后期,冲施液体菌肥 3～4 千克。2005 年山东省费县在 350 公顷藕田 15～20 厘米深处铺施 10～15 厘米段秸秆,平均每 667 平方米产藕 4 923 千克,就是碳足生物分解对增产起的作用。

碳、钾、硼长藕三要素充足,生物菌肥可从空气中吸收二氧化碳(含量 300 毫克/千克)和氮气(含 71.3%),可分解保护肥营养,提高氮、磷肥效 60% 左右。备 500 千克大粪干、鸡粪,或人粪尿 2 000 千克,在立叶至 3～4 叶时分 2 次追施,以免基肥过重而烧伤田藕。

【栽　藕】　4 月份栽植,每 667 平方米定植 50～60 窝,窝行株距 1.65 米,窝长 1 米,宽 0.5 米,深 15～17 厘米。每窝放种藕 5～6 千克,即两条整藕,有子藕芽 12～13 个,种藕头朝下,呈 30°角斜放窝内,尾部外露,两条颠倒排列,梅花窝错开栽,边行藕头均朝池中,距堰 2 米远,减少回头。也可按 100 窝,每窝一整枝种藕近距离刨窝下种,然后覆土以埋严藕体为准。均匀播种,充分利用空间和地面生长。防止藕头长进田埂。

【供　水】　4 月份栽植时气温较低,保持 7～10 厘米深水。7～8 月份随着气温回升和莲叶渐大,灌水由 15～50 厘米渐深;9～11 月份随着气温大降,即开花结藕期,浇水由 30～10 厘米渐浅,11 月至翌年 2 月,浇水以保持地面结冰、土中藕不受冻为度。生长期忌大换水,保持微小流动,雨后及时排水至原位。早期水深不盖叶,中期叶片盖田,后期枯叶盖田保湿、保温。控制氮肥防止叶片过旺,禁止用化学肥料。

【防　病】　每种三茬莲藕,发现有腐败藕、黄心藕和褐斑病藕时,可在定植前 15 天,每 667 平方米施硫酸铜 2 千克灭菌。常用农大哥、EM 菌肥、CM 菌肥的地块不会发生病害。通过补充铜营养和有益微生物平衡土壤与植物营养,防病效果优异。对藕叶面可喷施有益菌,勿用化学杀菌剂。

【整　头】　下种 15 天后,走茎即定向生长,如发现走茎离堰边过近,可用手轻轻将走茎弯回。可"回头"多次,并须及时进行。走茎密集处,应挖出,转向较稀疏处,做到分布均匀。如走茎及幼藕露出泥面,应及早埋入泥里。莲秆和走茎分布均匀,避免浪费土地及空间面积,以提高产量和质量,使藕节美观一致。防止踩伤种藕和踩断走茎。

【灭　虫】　人工捕杀斜纹夜蛾的卵块、幼虫。用黄粘板和电灯粘胶膜诱杀飞虫。在田间放入泥鳅、黄鳝杀灭水中害虫。控制虫害,以不造成大危害为度。拔除杂草,不踩伤藕头。

【采收、包装和贮运】　挖藕前浇 1 次水,待泥土疏而不流时,顺地埂挖一深 40 厘米的壕,依藕把刨开围泥抽挖,用手将藕把抓紧,把泥从把至头摸下,形成一薄泥层护藕。无铣伤带把连头起出。备长圆形藕篓,将藕头朝下倾斜 45°角放入篓内,用被子盖好防冻或防脱水,放入地下窖保温保湿,防止受冻、受热而腐烂变质。分级后用纸包装好再装纸箱启运销售。禁止用有毒塑料袋包装。

20. 香菇栽培

(1) 错误做法

灭菌不彻底、配料不合理、湿度不均匀。不认真按程序消毒和备料,引起减产和个别失败。

(2) 正确做法

【栽培房建设】　华北地区种植香菇,宜在 8 月 15 日至 9 月 10 日培养,此期正值温度适宜、空气湿度大的梅雨季节。菇房要坚固、抗风,宽 3 米,长 7 米,高 2.8 米,山墙用二四砖砌起,前后无墙,用薄膜草苫覆盖,一头留 1 个门,室内设四排垒菌袋的骨架,中间两排可码 4～5 层,两边两排码 6 层,共码 600 袋。棚内两条走道可放加温蜂窝煤炉。水质要符合 GB 5749要求,保湿、保温、避风、挡光。

【选　种】 香菇菌分高、低、中温性。高温性生长快,易老化;低温性生长慢,产量低。山西新绛县适宜选用中温性菌种,如花王 6 号、豫菇 1 号和 168 香菇等。

这些菌种出菇率高,肉质厚嫩,可生长到翌年 6 月份,每袋可产干香菇 250～350 克。

【备　料】 将苹果木粉碎成木屑,按 1 000 千克木屑拌 150 千克新麦麸,再拌 2 千克生石灰以调节 pH 值。干料与水的比例为 1∶0.9,拌匀后装入径粗 24 厘米、长 50 厘米的高密度聚乙烯或聚丙烯塑料袋内,每袋装湿料 1.8～2 千克,用塑料颈圈封口,再放置蒸汽锅中,升温 100℃。恒温下维持 25～30 小时排热。待袋内温度降至 40℃时,用高锰酸钾放入甲醛中产生气体消毒,使袋外着药即可。防止人工作业和空气中杂菌侵入。蒸透袋内料,彻底灭菌,以碳素营养为主,加水注菌即可。拌水勿过多过少,以免影响菌丝生长。

【接　种】 选一长 2 米、宽 1 米的床,再割 1 块长、宽各为 1 米的塑料膜,粘结成一四方形,套在床上,封闭严密。箱内放甲醛,投高锰酸钾或用气雾消毒剂消毒。菌种瓶和料袋外消毒后入箱。打孔器尖在酒精灯火上烧一下消毒,然后从菌种瓶中取少许菌丝放入孔料中封口,严格无杂菌接种操作,保证一次接种成功。

【培养菌丝】 接种后,将料袋垒置于通风、避光的干燥环境下,温度保持在 24℃～26℃,恒温下培养 60～70 天,待栽培袋内长满白色菌丝,菌丝由白色转为棕褐色,即为菌丝成熟,此时拉大昼夜温差诱导出菇。积温达 1 400℃左右为成熟菌丝期。室内温度夜间不能低于 20℃,白天不高于 29℃。如白天温度高于 32℃,菌丝则枯死。

【菇期管理】 菌丝成熟后,将菌袋刺孔泡水中浸透后,移入菇棚,昼夜温差为 10℃(即白天 20℃,夜间 10℃左右),4 天可出菇蕾。经过低温处理后的菇袋,室温最低要保持 13℃～15℃,最高 28℃,空气相对湿度为 85%～90%,给予 500～1 500勒的散光照。20 天左右即可收头潮香菇。收完菇后,将料袋浸水 24 小时,捞出垒起,继续养菌,约 30 天出二潮菇。可反复出 6～7 潮菇。6 月份之后,将菌袋脱掉,菌筒埋入土中,使部分培养料露出土面,用水喷湿,还可再多出一潮菇,或在培养料上喷 1 次 CM、EM 菌肥 700 倍液分解料中碳;中后期在料上喷钾和硼酸盐 800 倍液,以提高产量和品质。充分利用菌料,提高产量和效益。选砂壤土作覆土,喷透水,但不能积水,以防止发生薄肉菇和空秆菇。

【收　获】 香菇开伞后及时采摘,放入烘干房中脱水。烘干房为 2 米高、内设 12 层钢网,70 厘米深、80 厘米宽的铁笼,中间设炉道生火,两侧设排风口,将湿香菇摆上,用电风扇排湿。冬季鲜菇 4.5 千克可烘干菇 1 千克,春季鲜菇 6 千克左右可烘干 1 千克。烘干后入袋、装箱入库存放或销售。

21. 甘蓝栽培

(1) 错误做法

不少菜农错误地认为,早春甘蓝下种早,上市就早,不了解苗龄过大受冻会抽薹开花,失去栽培意义。甘蓝以叶为食用部分,一些菜农认为氮素长叶,不注重施钾,结果外叶多,叶球小,产量低。有的菜农认为外叶肥大,光合作用强,能结大球,主要施氮肥可长叶片,因而每 667 平方米施鸡粪常超过 5 000 千克,并穴施在根下,引起死秧和矮化苗。

(2)正确做法

【茬口与品种】 鸟翼形温室或大暖窖越冬栽培,10 月上旬育苗;早春塑料拱棚 11 月中下旬至 12 月初下种,品种宜选用 8398。2 月至 5 月下旬上市,每 667 平方米产量 5 000~6 000 千克。谨防下种过早,使苗龄过大而栽后受冻,茎粗 0.6 厘米,叶片直径达 5 厘米,在 10℃ 以下低温连续 60 小时通过春化阶段发育,45 天内不包球便抽薹开花。

【育   苗】 育苗冷床宽 1.5 米,长 5~6 米,深 15 厘米。床土配制,以 30% 的腐殖酸磷肥,50% 的阳土,20% 的腐熟牛粪,矿物磷、钾粉 1 千克配成。床土要整平,灌足水,水渗完后用腐殖酸肥或阳土拌 EM 或 CM 有益菌(50 克拌肥土 20 千克)撒一层,播种后再覆肥菌土 0.5 厘米厚,支架盖膜,白天气温保持 20℃~25℃,夜间 10℃~15℃,让幼苗缓慢生长。床土营养全,幼苗无黑根,而且抗旱、抗寒。不施化学氮肥。待幼苗 3 叶 1 心时,按株行距 6~8 厘米分苗,用 CM 亿安神力生物肥或硫酸锌 700 倍液喷施,平衡土壤营养,增加根系长度。CM、EM 菌肥可分解土壤中的钙,可作用于根的分生组织和粗度;磷决定数目、锌决定长度,但浓度切勿过大。有益生物剂与中草药杀菌剂不能混用。

【温湿度管理】 幼苗期白天温度保持在 25℃,夜间在 18℃;生长中后期白天保持 20℃ 左右,如莲座叶有丛长现象,夜温可降到 12℃ 左右,包球期夜间保持 10℃~5℃。昼夜温差 8℃~10℃。幼苗期停水蹲苗,以提高地温;结球期不要缺水,降温促包球。做到地上地下平衡,不徒长。幼苗大,应控温控水;僵化苗、小苗,应升温,浇 1 次硫酸锌 1 000 倍液,促苗赶齐。

【覆土防病】 幼苗出土后,覆 2 次用 20％腐殖酸拌 EM 或 CM 菌肥制成营养土。取硫酸铜 50 克,按病害轻、中、重度分别拌肥皂、碳铵、生石灰 50 克,对水 14 升做叶背喷施,防治效果优异。甘蓝茎粗根冠大,抗病,耐寒。干燥时浇水后覆土。喷药在 20℃时进行。

【刨窝晒穴土】 冬前在土未冻时,按株距 38 厘米、行距 44 厘米刨定植穴,经日晒、雨淋和冷冻,杀灭杂菌和害虫,活化地表土壤,定植后缓苗快,长势强。

【肥料运筹】 温室、大暖窖和两膜一苫栽培在 11 月下旬定植;早春小拱棚在 2 月初移栽,每 667 平方米栽 3 800～4 000 株。按每 667 平方米产叶球 6 000 千克投肥,每千克碳可供长外叶和叶球 20 千克左右,土壤中碳需缓冲量 50％,大约需施碳素 600 千克,外叶消耗碳 400 千克,需投入碳 1 000 千克,氮 30.8 千克,磷 24.9 千克,钾 29.1 千克,氮、碳、钾基肥最大限量可多于土壤缓冲量的 30％。合理投肥应是:穴侧埋施鸡粪 1 500 千克,含碳 25％合 375 千克,含氮 1.6％合 24 千克,含磷 1.5％合 22 千克,含钾 0.85％合 13 千克;施牛马粪 2 500 千克,含碳 25％合 625 千克,含氮 0.4％合 10 千克,含磷 0.2％合 5 千克,含钾 0.45％合 11 千克。碳总量达 1 000 千克,氮达 34 千克,磷 27 千克,纯钾达 24 千克,前三种要素均达标,惟缺钾,因为富钾也有增产作用,故结球期再施 45％生物钾 15 千克,可使外叶与球心比例拉大为 3∶7。尚需在沤肥期和生长中后期追施 3 次 EM 和 CM 生物菌肥 3～6 千克,以分解磷、钾、钙营养,保护肥中营养和从空气中吸收氮(含量 71.3％)、碳(含二氧化碳 300 毫克/千克)营养,即可维持和满足需要。结球期氮、磷、钾、钙、镁、硫比为 9∶3∶13∶

8∶3∶1。土壤全盐浓度不超过5 500毫克/千克。营养合理有持效,土壤含氧量达19%~23%,无杂菌,甘蓝外叶小,棵儿大而充实。防止超量施鸡粪而造成浪费和烧伤根系而死秧缺苗,因每667平方米氮总量不能超过19千克。鸡、牛粪拌匀施在定植穴侧。前期施生物菌肥、氮肥扩叶,结球期控氮控外叶,使棵与棵之间叶片互相遮盖率不超过10%。冲入硫酸钾10千克可使叶片加厚,外叶与叶球比扩大到3∶7。用鸡粪与EM、CM生物菌肥拌施,不会造成氨害伤苗,应穴施在4棵植株之间,让根系吸收肥水有回避的余地。

【幼苗期保温扩外叶】 12月至翌年3月份气温低,应以保温为主,可向叶面喷硫酸锌或有益生物制剂,亦可在低温期和幼苗扩叶期在植株根部放置内装EM菌和水的黑色塑料袋,白天吸热,晚上保温,以增强外叶生长。结球期破袋,使菌液流出,分解营养,促进包球。用植物诱导剂(中草药)3 000倍液喷叶片,喷后1小时再喷1次清水,可增加根系50%左右,光合强度增加0.5~4倍。扩大叶面积,增强光合强度。控制白天温度不超过30℃。莲座期施用植物诱导剂浓度为700~800倍液,控叶促球。

【结球期早通风控外叶】 叶片占地面85%时,及早通风;温度超过23℃时,要通风换气。如肥和有益菌剂不足,可在结球期每667平方米施20千克生物钾;中午选好天气浇碳铵30千克。升温至38℃,迫使热害、氨害伤外叶促心球。早期叶肉发皱时补钙,叶脉皱补硼,叶色淡补镁、氮,前期护外叶,后期伤外叶。使外叶呈盘状,柄短,叶色深。控制外叶生长,使营养集中于长叶球。防止高温使外叶徒长,防止阴凉长成簇丛叶而不包球。包球期勤浇水降夜温和地温以促进包球。

【注重浇施菌肥】 每次每667平方米冲施EM或CM生

物菌液 1 千克,冲施 3～4 次,或叶面喷施 3～4 次,在连阴天冲施或喷施效果尤佳。按上述肥量要求施足,生育中后期不再追施其他肥,即可满足甘蓝高产所需营养。早春栽培无大病虫危害,无须打药。

【防止抽薹开花】 定植后将保护地温度控制在 12℃～25℃,不能低于 10℃ 以下连续 60 小时左右,以防止甘蓝抽薹;结球初期掌握低温(13℃～20℃)、弱光(2 万～3 万勒)、短日照(每天见光 6～8 小时),预防抽薹;整个生长期叶面不补氮、糖,可防止抽薹;定植后控水蹲苗,深根多,稀植,防止抽薹;结球期夜间浇水将夜温控制在 6℃～8℃,可促进长球,抑制抽薹;包球前在心叶里喷 50％钼酸铵 20 克对水 15 升可抑制抽薹,促进包球。采取以上系列措施,可保证植株全部包球而不抽薹开花。定植时淘汰叶直径超过 5 厘米、茎粗超过 0.6 厘米的大苗。

【防止干烧心】 结球初期用米醋 50 克、过磷酸钙 50 克对水 14 升做 2 次叶面喷施。也可用 EM 强钙宝每 150 克对水 14 升喷施补钙,心叶无焦边,不皱叶。如已施生物菌肥,不需再补钙。在中温、高湿环境下,也无须补钙。

22. 韭菜栽培

(1)错误做法

不少菜农不了解灰霉病引起的干尖症是缺钾症,习惯于喷施化学农药,不懂得施钾防治。也不懂得在种蝇期杀灭飞虫,用草木灰驱虫产卵,习惯于用有机磷剧毒农药浇灌韭菜杀蛆,造成韭菜和土壤污染,给土壤和人体健康带来隐患。

(2)正确做法

【设施与茬口】 鸟翼形温室、大暖窖、两膜一苫、早春拱棚等均在3月至6月中旬下种,选用休眠的立韭、环儿韭,不休眠的平韭4号、赛松、791等品种。元旦前上市,收割2～3刀,每667平方米产5 000千克左右。秋季生产上市,每667平方米产4 000千克左右。收获二刀后,可在垄上栽一茬早春辣椒、甘蓝或矮生菜豆。

【大暖窖结构】 跨度6米,高1.9米,深30厘米,墙厚0.8米,南沿内切角30°～58°,长50～80米,后屋深1米,方位正南偏西7°。两膜一苫和小棚跨度5.5米,高1.5米,拱圆形。拱梁用直径2厘米管材,下弦和W形减力筋用10号圆钢,总长7.6米,上下弦距5厘米,南端10厘米,北端弯处20厘米。不宜过高、过宽。

【浸种催芽】 早春气温低,播前4～5天将种子放入40℃的温水浸泡1昼夜。用干净的纱布包好置16℃～20℃处催芽,70%的种子露芽播种,出苗整齐一致,一般新种子发芽率达75%左右。

【肥料运筹】 按年收三刀每667平方米产5 000千克韭菜投肥,需碳500～600千克,每千克碳可供产韭菜20千克,每千克含碳45%的干秸秆可供产韭菜10千克左右。韭菜耐肥,允许多施有机碳素肥0.5～1倍,施碳650千克左右,纯氮24千克,磷14千克,钾17.5千克。每667平方米施含碳25%的牛马厩肥1 250千克,合碳312千克,含氮0.3%～0.6%合4.5～9千克,含磷0.16%～0.18%合2～2.2千克,钾0.2%～0.26%合1.5～3.5千克。再施含碳25%的鸡粪1 250千克,合碳312千克,含氮1.6%合20千克,含磷1.5%合18.7千克,含钾0.85%合12.7千克,总碳量624千克达标;氮24.5～29千克,磷20.9千克,钾13.8千克,氮、磷稍多缺钾,施草木灰200千克,含钾5%合纯钾10千克补足。粪肥用 CM 固体菌肥 50 千克分解,保护营养元素。并从空气中(含量 71.3％)吸纳氮和碳(含二氧化碳 300 毫克/千克)营养,可长期满足供应。碳、氮比合理,低投入高产出,好管理,不生虫,少染病或不染病。钾足不易染灰霉病,可用草木灰避种蝇(需防淋水、防水冲,干燥施入)。长期配合施生物菌肥可预防蛆、虫为害,避免用化学剧毒农药杀虫。

【防止韭蛆】 鸡、牛粪施前用 CM、EM 1 千克分解碳素,不易生虫;9 月份种蝇产卵期在田间挂矿灯或电灯套胶粘膜诱杀飞虫;每 667 平方米在韭菜根部撒草木灰 200～300 千克,避虫效果极佳;韭蛆为害严重的地块每 667 平方米可用乐斯本 500 克或虫藤杀虫剂(中草药剂)1 千克,在覆盖前灌韭行杀虫,控制度可达 95％左右。禁止用化学剧毒农药杀蛆。

【清明起沟播种】 早春解冻后,将厩肥、腐殖酸肥、菌肥混合施入沟底;老根韭秋季养根阶段需施肥。每 667 平方米播种 1.5～2 千克,沟深 15 厘米,播幅和行距为 12 厘米。畦底要平,播后覆土踩实浇水,自然覆土。

【立夏肥水齐攻】 5～6 月份温差大,有利于养根壮苗,每 667 平方米可施入人粪尿 500 千克,EM 地力旺、固体菌剂 10～20 千克,施后覆土,连浇两次水,苗壮,根深,叶色绿。分次覆土,不要 1 次覆土太深。

【小暑遮荫除草】 7 月份前后,气温高达 40℃,在棚架上覆盖遮阳网、杂草或废塑料膜挡光降温。浇 45％生物钾 10 千克,养壮鳞茎。中耕除草。

【霜降铲除枯叶】 每 667 平方米浇人粪尿 1 000 千克,拌碳铵 50 千克,盖膜捂韭叶,迫使韭叶褪绿,叶枯干后再铲除。

【白露加强管理】 净地后浇入硫酸锌 1.5 千克,45％生物钾 15 千克,可供产 3 000 千克韭菜之需。在韭菜生长期中,可用硫酸铜 50 克,配肥皂或碳铵或生石灰 50 克,对水 14 升,在气温 20℃时做叶背喷洒,防止腐烂病、灰霉病及干尖效果优异,同时可促苗萌发,叶厚产量高。5 叶 1 心时上市。施钾、锌、铜时注意不能过量。

【立冬覆盖薄膜】 11 月中旬覆膜,继而盖草苫。韭菜出土后,谨防室温过高,使韭菜徒长而变纤细。在覆膜前每 667 平方米施锰锌制剂 1 千克,或在韭菜长到 10 厘米高时喷 CM、EM 菌肥 1 千克。在韭菜生长期中,每隔 7～10 天喷施赛众 28 矿物复合营养或生物制剂,防治灰霉病。冬季在室内北墙挂反光幕和吊灯增光,薄膜应选用紫光膜。常用有益生物剂喷洒,可解症防病。

韭菜 12 月中下旬至翌年 2 月中旬上市。每 667 平方米一刀收割 2 000～3 000 千克。无干尖烂叶,光照达 1 万～3 万勒。冬季覆紫光膜,温室内温度比覆绿色膜高 1℃～2℃,紫外线透过率高 8% 左右。每 667 平方米需用紫光膜 60～80 千克。夏季遮阳增产 40%。

【喷洒营养液提质】 叶皱时,喷硼砂溶液(用热水化开,每 25 克对水 14 升);叶窄时,喷硫酸锌溶液(每 25 克对水 14 升);叶尖弯曲时,喷钙溶液(每 50 克过磷酸钙对米醋 50 克,对水 14 升)。整株韭菜发黄时,喷绿浪或绿壮素补镁;叶片薄时,喷钾溶液;叶片上有白点时,补铜,抗寒促长;韭菜长势弱时,每 667 平方米浇 CM 或 EM 1 千克,每 10～15 天可喷浇 1 次,在连阴天喷施效果尤佳,施生物钾使叶片增厚,抗真菌病害。

【温湿度管理】 白天温度保持在 24℃～28℃,前半夜 16℃左右,后半夜 4℃～10℃,昼夜温差保持 18℃～20℃。土壤持水量为 50%～60%,空气相对湿度为 65%～70%,产量高,质量好。防止温度、湿度过高,徒长染病。一刀只浇 1 次水即可,并随水冲施 CM 或 EM 菌肥,促进伤口愈合和杀灭杂菌,有利于有益菌占领生态位。

23. 芦笋栽培

芦笋系多年生宿根作物,一次栽植可连续采笋 15 年。其产品属高档药食兼用的保健蔬菜,是我国大量出口的蔬菜。随着人们健康意识的提高,芦笋消费量和栽培面积及价格稳步上扬。

(1)错误做法

芦笋产量和质量生命周期规律呈马鞍形,栽植 2～3 年后产量、质量大幅提高,至第八年产量质量趋高、优态势,往往使不少种植者头脑发热,因而盲目投入。有的人一次每 667 平方米施尿素达 50 千克和未经灭菌、腐熟的有机粪肥 10 000 千克,致使营养不平衡,造成土壤浓度过大而死秧。此外,夏秋季养根阶段习惯于让植株任其生长,杂草丛生,或与棉花等高秆作物套种间作,影响宿根积累营养。因而 3～5 月份采收时细笋比例多,产量低。有的种植者定植密度过大,植株过旺,排水不畅,透光不良,一味追求高密度短期高产,追求短期效益。殊不知,芦笋高密度种植通风不良,易造成毁灭性病害,严重浪费自然资源。在高湿高温期,对茎枯病和根腐病没有应变防治办法,结果造成芦笋大面积的地上部枯干。2006年晋南芦笋茎枯病发病率达 55%左右,发病严重的地块枯干率达 80%。在防病时,不少种植者用药浓度过大,有些超过应稀释浓度的 3 倍,结果不是药液渗透性差、效果不好,就是灼伤芦笋叶秆。在采收时,有的超长采收,伤及鳞芽盘上的嫩芽,造成伤口过大而染病;有的延后采收,使幼芽失去营养自保能力而枯竭;有的不留母茎,"剃光头"采收,总产量低。有的对防治虫害不重视,把因虫害造成的梢枯、死苗当成病害对待。

(2)正确做法

【品种选择】 选择抗病、优质、丰产品种,如美国玛丽华盛顿 500 号、王子、冠军、阿波罗、泽西等 F_1 系列抗茎枯病新品种。山西新绛县主栽的高产品种 UC-800、157F 等。

【育苗技术】 选砂壤土,排水要方便,避开林、果、桑园及薯类地。用 CM、EM 300 倍液喷洒土壤以占领生态位。用 96％硫酸铜 300 倍液或 2.5％腐钠合剂 50 倍液浸泡种子 24 小时进行催芽,待种子露白后行点播。待幼苗长到 12～15 厘米高时,用铜铵合剂 500 倍液(即硫酸铜 25 克、碳铵 50 克对水 12 升)做叶面喷洒,或用腐钠合剂 250 倍液每隔 7～10 天喷 1 次,连喷 2～3 次,防治病害。

【营养运筹】 新鲜秸秆含水分 70％～95％,10 千克鲜秸秆可得到 1～1.5 千克干秸秆。干秸秆中含碳 45％,氢 45％,氧 6％。1 千克碳素可供产鲜芦笋叶秆 20 千克,那么,1 千克干秸秆可产鲜芦笋叶秆 11 千克左右。湿牛粪中含碳 25％,那么,1 千克牛粪中的碳素可供产鲜芦笋叶秆 6 千克左右。按每 667 平方米产芦笋 1 000～2 000 千克投入,需施相等于干秸秆1 000～2 000 千克或牛粪 2 000～4 000 千克,因土壤中要保留一定量的缓冲碳,那么相等于施干秸秆 1 500～2 500 千克或牛粪3 000～4 500 千克,这是芦笋增产的基础。

要达到土壤营养平衡,每 667 平方米需保持纯氮 19 千克,五氧化二磷 11.5 千克,以基施为主;氧化钾 10 千克,每千克纯钾可供产芦笋 122 千克,每 667 平方米产芦笋 1 000～

2 000 千克,需施 45％的运字牌硫酸钾 22～50 千克,以结笋期施入为主。赛众 28 特种配方肥 25～30 千克,以 9 月份秋施为主,也可当作萌芽肥或复壮肥施用,以平衡土壤和植物营养,防治因缺素而引起的根腐病、灰霉病和茎枯病。

按每 667 平方米产 1 000～2 000 千克芦笋的需要,其施肥方案是:施 1 000 千克鸡粪,含碳 250 千克,氮 16.5 千克,磷 15 千克,钾 8.5 千克;再施 2 000 千克牛粪,含碳 520 千克,含氮 6.4 千克,含磷 4.2 千克,含钾 3.2 千克。碳、氮、磷营养满足,尚需在苗期补充少量钾和稀土元素,如植物传导素和赛众 28 等。因富钾田施钾仍有增产作用,所以后期尚需施 45％硫酸钾 20～30 千克。

为了分解有机肥中的碳元素,需在基肥中拌入 CM 或 EM 生物菌液 1～2 千克,或固体菌肥 50 千克,以保护有机肥中的氮,吸收空气中的氮和二氧化碳,供植物均衡享用。基肥中无须再施氮、磷化肥,中后期每隔 15 天左右施 1 次生物菌液,即可少施氮、磷化肥 60％左右;每隔 15～20 天施尿素 8～10 千克,即可营养平衡。超量多施的氮肥,均会释放到大气中,严重时造成茎秆近地面处萎缩、干枯。鸡粪、人粪尿施入过量也会造成植物反渗透,引起茎枯病伤秧。

【定　植】　定植前开宽、深为 40 厘米×50 厘米的沟,活土与死土分放。将粪肥与生物菌肥、秸秆、赛众 28 肥及表土混合后沟施,将死土风化以备芦笋根盘"跳根"上移后覆土用。按品种特性要求,合理稀植,勿密植,砂壤土适当深栽。苗期遇干旱喷洒生物菌液和硫酸锌 700 倍液促长。植株封垄后,地面见光为 15％左右时,叶面喷植物诱导剂 800 倍液,控秧促根茎发育,提高光合强度。勿与棉花、玉米、蔬菜等高秆作物间套作。没病时,每隔 7～20 天喷 1 次黄腐酸盐或铜制剂,

15 天后用 CM、EM 菌液防病；发现有茎枯病斑时，用铜铵合剂 200 倍液涂抹病斑处，涂 1 次即可痊愈；病斑较多时，可普遍喷硫酸铜配碳铵水溶液（1∶1∶300）防治。提高生根萌芽率和商品率，赛众 28 中的硅、铜、钴、钛、硒等元素可避虫抑虫。

【田间管理】 一是清园。霜降后茎叶慢慢变黄枯干，应将干秆残叶清除出笋田外焚烧，就地焚烧有利于杀灭土壤杂菌，但破坏土壤结构和碳、氢、氧营养。早春就地焚烧可促进芦笋早萌发，早上市 7～10 天，但总产量低。二是清园后对根盘和行间进行土壤消毒，每 667 平方米用代森锰锌 1 千克或硫酸铜 1.5～2 千克冲施。15 天后施用生物菌肥。三是合理采收，头年采收期为 28 天左右，以后每增加一年，采收期增加 12 天左右。硫酸钾和 EM 生物菌肥结合施用，可延长采收期 5～27 天，增产 1～3 倍，因其有益菌分解有机质中的碳、氢、氧、氮物，以菌丝团形态直接转移到新生植物体上的增产作用，是光合作用积累营养的 3 倍左右。按此法生产，山西省闻喜县川口村李锁龙第三年采芦笋，每 667 平方米产量为 1 120 千克，没施的产量仅为 300～400 千克。四是停采后撤垄晒根盘，用农抗 120 或 EM 地力旺、农大哥或 CM 亿安神力等浇灌伤口。五是停采后新抽生的嫩茎长至 12～15 厘米时，用大生 M-45 加粘合剂加水（1∶0.1∶20）配成药液，或用硫酸铜 300 倍液，植物修复素 1 粒对水 10 升，用毛刷和棉球蘸药涂抹嫩茎基部伤口。六是在 7～9 月份多雨高湿高温季节，芦笋易染茎枯病，要重点防治。七是对过密植株、畸形枝、弱枝、病枝、枯死茎秆应拔除或疏剪，每穴留健壮茎 10 个左右，以利于通风透光，防止病虫害。八是对未成年芦笋田留足母茎，可提高总产量和总收入，延长采笋期，还可防止茎枯病，这是光合作用增强芦笋盘活力和提高抗逆力的效果。九是追肥。停采撒垄后,每667平方米可施含氮、磷、钾各15％的三元复合肥25～30千克,饼肥25～50千克拌生物菌液1～2千克,或生物菌固体肥50千克拌硫酸钾10千克左右。立秋后,还应追施1次肥料,以养株壮根,为翌年芦笋增产奠定良好的营养贮备基础。

【留母茎新技术】 依靠上年夏、秋光合作用积累到鳞盘中的营养是有限的,因此,应利用早春光合作用,以提高芦笋产量。留母茎,就是在培土垄上,于谷雨后10天左右(晋南地区为4月底),每丛株留2～3根茎株,让其长高,利用母茎叶面积光合作用和早春昼夜温差制造营养,晚上将有机物转移到其他嫩茎上,加快生长速度,比不留母笋可增产1倍左右,采笋期可由2个月延长到4个月。

母茎宜选直径为1～1.2厘米、茎直饱满、健壮无病的嫩茎,第一年留2～3株,以后每年增留1株,最多1丛不超过6株。母茎不宜留在1条平行线上,应错开,间隔6～8厘米;当植株长到约1米高时摘心,叶面喷植物诱导剂控秧防徒长,可提高光合强度0.5～4倍。

24. 菜豆栽培

(1)错误做法

许多菜农不了解豆角根瘤菌的吸氮可满足作物正常生长需要的1/3～1/2,不了解长菜豆的主要营养是碳、磷、钾。因此生产上盲目重施氮肥,既伤根又会引起叶蔓疯长,造成减产。

(2)正确做法

蔓生菜豆角系缠绕性草本植物,喜温、耐弱光,不耐强光和高温,适宜冬、春季在温室内栽培。其无公害矮化高产栽培规程如下。

【茬口安排】 蔓生豆角近几年的市场价格为:10月份至翌年5月平均每千克在2元以上,6~9月份在1元左右,12月份至翌年2月份高达6元左右。在晋南适宜结荚的季节有两个高峰期:一是延秋茬的10~12月份,二是冬春茬的2~4月份。如果冬至前后室温最低能保持在14℃,元旦、春节期间亦可大量生长。适宜结荚期每隔2~3天能收一茬豆荚,每667平方米一茬可采豆荚400千克,收入1 000元左右。

【品种选择】 温室菜豆宜选用单产高、豆荚繁多而大、抗热害的蔓生易矮化品种。泰国绿龙蔓生刀豆角耐低温弱光、早熟高产;豆荚浅绿白嫩,荚长27~30厘米,重4~5千克;株高2米左右时结荚,结荚期像一个个绿柱上挂满玉石刀,十分美观。白花、蝶形花冠,自花授粉,极适宜延秋、越冬和早春温室内栽培,每667平方米可产5 000~6 000千克。中国农业科学院蔬菜花卉研究所选育的白丰蔓生刀豆角,中早熟,嫩荚直圆棍形,皮色洁白,每667平方米产量4 000千克左右,适宜温室栽培。日本大白棒,早熟,商品形状好,耐热抗病,嫩荚绿白色,最长荚为45厘米,适宜温室早春和越冬茬栽培。落蔓栽培,每667平方米产豆荚7 000千克。大连广大种子有限公司生产的广大930品种,耐低温弱光,生长速度快,最高产的每667平方米产量为7 000千克,适宜温室越冬茬栽培。每667平方米一茬产豆荚5 000千克,落蔓栽培可产豆荚7 000千克。

【肥料运筹】 产地环境符合NY 5010的规定。温室栽培菜豆,生长期长,需肥量较大。控氮肥矮化栽培产量高,一般每667平方米产5 000千克菜豆,需施七八成腐熟的鸡粪

2 500千克,牛粪 2 500 千克(有机肥不足时可拌施过磷酸钙 40～60 千克),草木灰 500～1 000 千克,硫酸钾 40 千克,EM 生物菌液 1 千克,2/3 撒施,1/3 穴施,撒施后深耕 30 厘米,耙 细耙平。豆角要实行高垄栽培,垄高 15 厘米,垄宽 40 厘米, 沟宽 40 厘米。采用 1.5 米宽幅地膜隔沟盖沟。

【合理稀植】 蔓生菜豆稀植矮化产量高,温室菜豆从下 种到采收长达 100 天以上。营养钵育苗移栽便于幼苗管理, 在温室内前茬作物没腾地前及早安排,以提高温室利用价值。 由于菜豆主根木栓化早,再生力弱,移栽时若伤根难以恢复, 因此以直播为好。拟于元旦、春节大量上市的,需在 10 月下 旬至 11 月上中旬播种。采用营养土配方或纸袋育苗方法,营 养土方可用五六成腐熟的牛粪 3 份,熟阳土 5 份,腐殖酸肥和 杂土 2 份,磷酸二氢钾 1 千克配制,不用其他化肥。幼苗具 3～4 片叶时起苗定植,每垄种 1 行,每穴栽 2 株,穴距 25 厘 米,每 667 平方米栽 3 500 穴,用种子 3.5～4 千克,共栽植 7 000 株左右,每株产量 0.5～0.8 千克。栽植不可过密,否则 秧蔓徒长,落花、落荚严重,结荚少而小。直播的结荚位高,叶 蔓旺。

【管理措施】 ①温度管理。菜豆忌夜间地温低,要求白 天和夜间气温较高。播种后出苗前保持地温 20℃左右,白天 气温在 28℃～30℃。出土后白天气温在 20℃左右,夜间 8℃～10℃,可短时间为 6℃左右,防止高温徒长。真叶展开 后和移栽前,可白天进行 18℃低温炼苗。定植后到抽蔓期为 花芽分化期,棚内温度白天为 20℃～25℃,夜间不低于 15℃, 最好在 16℃～18℃之间。坐荚后降低夜间温度为 14℃左右。 9℃以下不分化花芽,高于 27℃容易出现不完全花,低于 14℃ 不易授粉受精,超过 30℃要先遮阳降温,后通风降温。气温为 0℃易受冻害,2℃～3℃时叶片失绿,升温到 15℃能恢复生长,但会造成严重减产。②营养管理。菜豆所需的氮、磷、钾比为 1.6：1：2。温室种菜豆谨防施氮肥过多,使植株早衰,因其根瘤菌可从大气中固定供给作物所需 2/3 的氮素,每季相当于 25 千克硫酸铵,所以需减半施氮肥。如菜豆生长点发黑、叶缩需补锌,叶脉缩需补硼,叶小而薄需补氮,豆荚生长慢需补钾,全株叶黄需补镁,徒长时叶面需喷 1 000 倍液的植物诱导剂控蔓。豆荚收获期每 7～15 天浇 1 次水,随水每 667 平方米施碳酸氢铵 7～8 千克,硫酸钾 8～15 千克。③水分管理。菜豆水足易饿长,叶蔓旺,产量低。管理上,生长点发黄、卷须、尖头无干状不浇水,浇水后及时将室温调到 20℃以上,通风排湿以防止徒长,而导致引起落花、落荚或染病。④整枝。龙头长到 2 米高时,将生长点弯下,保持距棚膜 20 厘米左右,叶蔓在吊绳上分布均匀,将主蔓第一花序以下各节侧枝及早打掉,防止其爬到棚顶结成疙瘩蔓,影响光透过量和通风。采收 3～4 茬豆后,暂停弯龙头,每 4～10 天收获 1 次,并将无花序豆荚以下黄病叶打掉。结荚后期即 3～4 月份,植株开始老化,将老蔓剪去。每 667 平方米施硫酸锌 1 千克,EM地力旺 1 千克,促进侧枝再生和潜伏芽开花结荚,可续收正茬的 50%～60%产量。⑤调节叶蔓。温室菜豆控蔓促荚是一项关键技术,以叶片能充分利用空间,遮阳率不超过 15%为度。开花期喷 5 毫克/千克萘乙酸溶液,防止落花落荚,控秧促荚;幼苗期用植物诱导素 1 000 倍液做叶面喷洒,早期喷 1 次即可。促进花芽分化和控蔓增荚,效果明显。⑥防治病虫害。用多菌灵锰锌等含锰、锌剂防治叶锈病,用铜铵合剂防治炭疽病,用霜霉疫净、拜得利防治疫病,用 80%敌敌畏燃暗火烟熏蚜虫、白粉虱,每 667 平方米用敌敌畏 250～300 克;用阿

— 71 —

维菌素、潜蝇宝喷雾防治斑潜蝇,连喷 2 次。⑦中耕。最低地温在 15℃以上时不盖地膜,中耕松土,脱地表水分促根深扎;地温稳定在 16℃时,及时去掉地膜,中耕透气,促进微生物活动和根系的再生力。⑧用药。要符合 GB 4285、GB/T 83211 和 DB 14187—2001 的要求。在菜豆生产中,严禁使用下列农药:杀虫脒、氰化物、磷化铅、六六六、DDT、氯丹、甲拌磷(3911)、对硫磷(1605)、甲基对硫磷(甲基 1605)、内吸磷(1059)、苏化 203、杀虫磷、磷铵、异丙磷、氧化乐果、磷化锌、克百威、水胺硫磷、久效磷、三氯杀螨醇、涕灭威、天多威、氟乙酰胺、有机汞制剂(赛力生、塞力散)、砷制剂、溃疡净、五氯酚钠等和其他高毒高残留农药。⑨及时采收 。采收时使用的工具要清洁、卫生、无污染,及时分批采收,减轻植株负担,以确保豆荚质量,促进后期果实膨大,产品质量要符合 NY 5005 的要求。

三、蔬菜低投入高产出营养运筹技术

25. 蔬菜生态平衡施肥

(1)错误做法

近年来,许多菜农为了获得高产量,往往不是根据实际的需要,而是盲目加大氮、磷、钾化学肥料的投入,且比例不合理现象十分严重,致使土壤日趋恶化,植物营养不平衡,又易感染多种病害,造成产量、质量下降,蔬菜越种越难种。

(2)正确做法

平衡施肥是决定生产有机蔬菜质量,节支增效,持续发展,保护生态环境的重要环节。所谓平衡施肥,就是根据不同作物不同时期的生理需要和不同土壤类型的养分含量,合理地供给生长发育所必需的各种营养元素。为此,实行平衡施肥要考虑以下因素。

一是按土壤质地施肥。随着化学工业的发展和人们工作效率的提高,目前积杂肥、沤秸秆肥者寥寥无几。施化肥不讲营养平衡,只讲数量的现象较为普遍,浪费肥料与造成肥害者屡见不鲜。重施肥者又导致各营养素之间产生拮抗作用而缺素减产。据兰州师范大学调查,我国 51.5% 耕地缺锌,46.9%缺硼,21.3%缺锰,6.9%缺铜,5%缺铁。据山西省新绛县调查,老菜田(4 年以上)76%耕地缺有机质,58%磷过剩,30%缺钾,14%钾过剩,42%有氮害,3%有氨害,造成种植失败。因此,各地菜农在施肥时应根据土壤质地,讲究营养比例,根据施肥标准,进行平衡施肥。

二是按营养作用施肥。氮主长叶片,磷主分化花芽和决定根系数目,钾主长果实,钙固植物体增强果实硬度,镁决定光合强度、防裂,硫增加糖度并促进蛋白质合成,锰增强抗逆性,锌生激素促长,硼壮果抗生理病,钼提高抗旱性,硅促根抗热,铁、铜抑菌促长,碳膨果壮秆,氧提高吸收能力和促进营养运转,氢养根等,对于蔬菜的正常生育 16 种主要营养素缺一不可。另外,有机氮肥的当季利用率只有 30%～35%,矿物磷肥的利用率只有 10%～20%,钾肥利用率为 80%～90%。

三是按肥料特性施肥。氮肥易挥发,以沟施为好。磷肥易失去酸性与土壤凝结而失效,应与有机肥混合穴施或根施。钾肥不挥发,不失效,可基施少量,随着产量上升随水冲施。硼肥需用热水化开,随水浇施或在高温、低温期做叶面喷施。锌用凉水化开,单施或与其他肥混施。土壤中一般不缺钙,钙在高温、低温期做叶面喷施,冲施效果不佳,铜随水在苗期冲施、穴施,既能杀菌,又能促长,也可在叶面喷施。锰、钼以叶面喷施为好。硅肥可冲施和根外喷施。铁不影响产量只影响质量,可喷施、浇施。

四是按作物需要施肥。植物体含碳 45%,氧 45%,氢 6%。蔬菜生长所需碳、氮比为 30∶1,其有机质含量 3.5%,土壤浓度为:碱解氮 100 毫克/千克,速效磷 24 毫克/千克,钾 240 毫克/千克。果菜类应注重施钾,补充磷、氮肥,前期注重氮扩叶,后期注重钾长果,早期注重磷长根。叶薄时补氮,僵化小叶补锌,干尖补钙,心腐补硼,真菌病补钾补硼,细菌病补钙补铜,病毒病补钼、补锌。

五是有机蔬菜基肥施用方案。有机肥(畜禽粪、秸秆肥、饼肥、腐殖酸肥等,每 667 平方米施牛、鸡粪各 2 500 千克左右为佳,新菜地可多施 50%)+微生物肥(EM、CM 菌等液体肥 1 千克,固体肥 10 千克)+钾肥(硫酸钾、生物钾肥、磷钾矿粉 25～50 千克)＋植物诱导剂(苗期用)。

26. 温室菜地营养生态特点和肥源因素

(1)错误做法

在温室内过度施肥,土壤肥力变化大,增产效果虽然快,但恶化速度也快,往往三五年就出现障碍,土壤一旦恶化,就很难补救和改良。

(2)正确做法

一是要掌握土壤营养生态特点。①土壤通过风化和微生物分解,每 667 平方米可自生和释放出氮 4～8 千克,磷 2～4 千克,钾 10 千克左右。②每 667 平方米施 2 500 千克鸡粪,内含氮 40 千克,磷 36 千克,钾 20 千克,就不需再补氮、磷化肥,只需补钾 50 千克,就可达到营养平衡,并在第二年减少投肥。每 667 平方米施 5 000 千克厩肥(牛、马粪),含氮 19 千克,磷 9 千克,钾 22 千克,氮、磷基本够用,只需补 48 千克钾素,就可满足蔬菜正常生长的需要。如果施用饼肥,每 667 平方米施 500 千克,氮可达 25 千克,磷 13 千克,钾 5 千克,只需补钾 65 千克,土壤营养即达到生态平衡。③氮素化肥的利用率一般只有 20%～40%,磷 15%～20%,钾 80%左右。

二是要掌握肥源因素。①温室覆盖棚膜后,没有雨淋机会,硝酸盐几乎无淋溶流失,加之农民不惜成本,大量施入有机肥和氮素化肥,很容易形成土壤氮素高浓度,但不少菜农意识不到土壤浓度过高的危害。②温室温度高于露地,全磷转化率比露地高 2～3 倍,最大吸附量和解吸量明显高于露地,易造成磷富集,三五年内不易被察觉。磷富集影响锌的吸收,植株不活跃,从而导致缺素症,生长不良,品质下降。③与露地相比,温室土壤钾素缓冲量有所下降,土壤肥力越高,降低幅度越小,因此温室土壤钾素相对不足的现象较普遍。④温室土壤水分运动方向与露地相反,室内随着水分自下而上运动,土壤盐分逐渐向土表聚集,最高可达1万毫克/千克,一般温室经5年即可达到危害蔬菜生育的盐分积累程度。⑤温室内温度高、湿度大,有机肥施用量多,腐熟快,气温稍高会造成根际热害和浓度害。加之通风不良,土壤氧化还原能力低,蔬菜根系生长和抗病能力也差。总之,肥料施用不当和过剩造成障碍是蔬菜可持续栽培中最值得重视的问题。其解决的办法是,首先要认识培肥中存在的问题,掌握蔬菜需肥标准和肥源出入因素、投肥程度和温室土壤生态特点;然后根据地块化验或实际生长苗情,进行全面控肥和平衡补肥,采取夏季雨淋解害、冬季地面盖草、施用腐殖酸和有益菌肥等一系列措施,以提高土壤综合肥力和减轻乃至消除肥害。

27. 17种营养元素对蔬菜解症增产的作用

(1)错误做法

许多菜农不掌握"蔬菜所需的17种营养元素缺一不长"的科学知识,因而对缺素导致的植株生理失衡症状一无所知,没有采取针对性的措施加以解决,陷入盲目性生产,造成损失。

(2)正确做法

蔬菜种植者要了解17种营养元素对蔬菜的生长解症作用。17种营养元素的作用如下。

①硼决定茄果的丰满和亮泽度。硼砂1 000倍液营养,能防止蔬菜空秆、空洞果、叶脉皱、心腐等症,投入产出比为1∶168。

②锌决定蔬菜根系和生长点的长度和生长速度。硫酸锌

700倍液营养,能预防秧苗矮化、黄化、萎缩以及感染病毒病引起的畸形果、画面果、僵硬果等。投入产出比为1∶100以上。

③铁决定茄果紫黑度。硫酸亚铁800倍液,可防止作物新叶黄白、果实表面色淡等症。

④锰促进授粉受精,保花保果。锰650倍液可提高作物光合强度,降低呼吸作用,投入产出比为1∶100左右。

⑤钼决定植株气孔的闭开力,可防止干旱植株因脱水而萎蔫干枯。钼5 000倍液,可防止卷叶、冻害、叶果腐败,抑制抽薹开花,提高作物的抗旱性,预防病毒侵害。

⑥钾决定蔬菜果实产量和质量。每千克钾可供产果菜93～250千克,即每千克45%硫酸钾可供产果50～80千克,还可增加叶片厚度,防止倒伏,提高对真菌性病害的防御力。

⑦磷决定籽粒数量和质量。过磷酸钙米醋浸出液300倍液,可促进花芽分化,决定根系数目,还可防止植株徒长、窄叶、缺果等症。每千克磷可供产茄果660千克。谨防盲目多施。

⑧氮决定叶片大小和生长速度。氮450倍液,可防止下部叶黄化、叶薄、植株生育早衰。每千克氮可供产菜380千克。切勿一次超量施用。

⑨碳决定蔬菜果实的大小和松软度。1千克碳可供产菜12千克,秸秆含碳45%,腐殖酸有机肥含碳34%～54%,山西新绛县吉财腐殖酸有限公司生产的腐殖酸肥,投入产出比达1∶9。牛、羊等食草动物粪中含碳13%～26%。补足二氧化碳,可提高产量30%～80%。应注重秸秆还田。

⑩钙决定茄果耐运耐贮藏度。钙300倍液在高温或低温下喷施,可防止干烧心、生长点焦枯、脐腐果、裂果裂茎,还可

增加根的粗度,投入产出比为1∶60以上。

⑪铜能增厚植株皮的密度,愈合伤口。铜500倍液,可增加叶色绿度,抑制真菌、细菌病害,保护植株,特别对防治土传菌引起的死秧、死苗具有明显效果。

⑫硅可使植株组织坚固。硅500倍液能防止茎叶变弱,可避虫咬,防止病毒侵染。

⑬镁可防止整株叶色褪绿、黄化。镁300倍液,能大大提高叶片的光合强度。

⑭硫可提高蛋白的合成。硫500倍液,可提高果实甜度,防止整体生长势变劣和根茎腐烂等症。

⑮氯可促进植株纤维化,蔬菜秧蔓尤其抗病,茎秆变硬,抗病、抗倒伏,促进各种营养的运输和贮藏。

⑯氧能使嫌气性病菌丧失生存、繁衍能力。高氧可灭菌抑菌,平衡植株生长。菜苗喷植物诱导剂,氧交换量可提高50%～491%,蔬菜秧蔓尤其抗病,提高产量0.5～1倍。

⑰氢能促进各种营养素的流转,特别能扩根,根壮株强,作物就能抗逆增产。浇施植物诱导剂,可增根0.7～1倍,并使地上部与地下部,营养生长和生殖生长维系平衡,达到高产优质,生产出有机蔬菜。

28. 秸秆中的碳元素对蔬菜的增产作用

(1) 错误做法

不少农民认为秸秆是废物,不重视利用作物秸秆,任其沤掉、烂掉,或将它烧掉。不明白秸秆中含的碳是作物生长的大量必需元素,1千克干秸秆可以供生产10千克叶秆和果实之需。碳对增产的效果十分显著,而土壤中又十分缺乏。忽视施用含碳秸秆肥和牛粪、生物菌肥、稀土肥,只注重施鸡粪和化肥,既造成浪费,产量又很低。

(2)正确做法

传统认为作物生长所必需的三大元素是氮、磷、钾矿物营养,其实这三大元素只占作物干物质中的 6%左右;而真正的三大元素是碳、氧、氢气体元素。干玉米秸秆中含碳 45%,氧45%,氢 6%,而碳元素又是形成碳水化合物的主要成分,是果实膨大的三大元素之首。每千克碳元素可供产鲜茎秆与果实 10~12 千克。每 667 平方米施硼酸 0.7 千克,对长果实的投入产出比是 1:164。晋南地区土壤在秸秆不足的情况下会普遍缺硼。而含碳 45%的秸秆 1 千克可维系果实 5~6 千克,维系韭菜、芹菜等整体食用蔬菜10~12 千克。

小麦、玉米等秸秆中的固态碳,在水分和微生物的作用下,一部分会生成二氧化碳,供植物叶子进行光合作用时吸收,可称为植物的气体面包,另一部分被 CM 菌分解直接组装到新生植物纤维素、淀粉、木质素长链大分子结构上,壮茎膨果而增产的作用十分明显。2004 年 4 月,新绛县西曲村赵五喜在早春拱棚茄子田施入牛粪(含碳 26%)2 000 千克,每 667 平方米产量达 8 600 千克,收入 9 000 余元,比未施牛粪只施鸡粪增产 60%左右。

秸秆中的碳之所以能壮秆、厚叶、膨果,其原因:一是含碳秸秆本身就是一个配比合理的营养复合体,固态碳通过 EM或 CM 有益菌等生物分解转化成气态碳即二氧化碳,利用率占 25%,可将空气中的二氧化碳由一般浓度 300 毫克/千克提高到 800 毫克/千克,而满足作物所需的浓度为 1 200 毫克/千克。太阳出来 1 小时后,室内二氧化碳浓度一般只有80 毫克/千克,缺额很大。75%的碳、氧、氢、氮被 CM 菌肥分解直接组装到新生植物和果实上。秸秆本身含碳氮比为

80：1,一般土壤中含碳氮比为 8～10：1,满足作物生长的碳氮比为 30：1,碳氮比对果实增产的比例是 1：1,显然作物生长对碳素的需求量很大,而土壤中又严重缺碳。化肥中的碳营养极少甚至无碳,因此,施碳素秸秆肥对作物的高产显得十分重要。二是秸秆中含氧量高达 6%,氧是促进钾吸收的气体元素,而钾又是膨果壮茎的主要元素。秸秆中含氢 6%,氢是促进根系发达和钙、硼、铜吸收的元素,这两种气体是壮秧抗病的主要元素。三是对生物动力学而言,果实含水分90%～95%,1 千克干物质秸秆可供长鲜果 10～12 千克,植物遗体是招引微生物的载体,微生物具有解磷释钾固氮作用(空气中氮含量高达 71.3%)和携带 17 种营养元素并能穿透新生植物体,系平衡土壤营养和植物营养的生命之源。秸秆还能保持土温、透气和降解盐害、碱害,其产生的碳酸还能提高矿物质的溶解度,防止土壤浓度过大而引起灼伤根系,抑菌抑虫,提高植物的抗逆性。因此,增施秸秆加菌液,对作物增产具有明显效果。

29. 秸秆的施用

(1) 错误做法

许多农民认为秸秆没有肥力,不把它当成肥料,任其烂掉和将其烧掉。不懂得 1 千克秸秆可转生 10 千克新鲜秸秆和果实。不少农民施秸秆不与人粪尿、鸡粪、牛粪、碳铵或 EM 生物菌混合,致使碳元素不能充分释放,易产生地下害虫。

(2) 正确做法

新建温室表层阳土往往多被打墙所用,在整地填土前往地下埋入 15 厘米厚、切成 10 厘米左右的秸秆段,每 667 平方米再泼施人粪尿、鸡粪 500 千克或碳铵 30 千克,然后浇水覆土,每隔 20 天翻倒 1 次,让碳、氢物充分分解,定植前覆土 25～35 厘米厚再栽秧。

在空闲季节将秸秆切成 5～6 厘米的段,撒施在老菜田地表,深翻后与耕作层土壤拌匀,浇施 EM 生物菌肥或 CM 生物菌肥分解有机物。

将秸秆粉碎后拌上鸡粪、碳铵、人粪尿或生物菌肥,覆土沤制 50 天左右再施入田间。一般每 667 平方米产果实 1 万千克的田间,一般基施秸秆 3 000～4 000 千克拌鸡粪 1 000～2 000 千克。

秸秆施入田间可改善土壤团粒结构,降低土壤盐碱度,提高土壤透气性,为有益菌的繁殖提供营养,还可提高地温 2℃左右。据报道,河北省高邑县东王村邢占芬注重施秸秆,每667 平方米温室产黄瓜 26 000 千克。山西省新绛县王守村付美成,在番茄田施入秸秆拌碳铵,每 667 平方米一季产果11 000 千克,比对照节省开支 800 元,而且蔬菜好管理,几乎无病害。新绛县三泉村在挖藕和栽藕前,田间撒施若干秸秆,栽藕前每 667 平方米施 EM 或 CM 菌肥 10～50 千克,硫酸钾60 千克,30 千克赛众 28,产藕量达 5 000 千克左右。

传统的植物营养理论只注重研究和论述植物体内含量为4%～7% 的氮、磷、钾等 17 种营养元素,而忽视了植物所需碳、氧、氢含量为 95% 左右的营养元素,是以前农业生产研究上的一大缺憾,而生物农业为给植物提供营养物质的理论与实践体系的诞生,则弥补了这个缺失和不足。

30. 腐殖酸对蔬菜持效高产的科学依据

(1)错误做法

多数人认为腐殖酸对作物增产的效果有限而且来得慢,

不了解土壤中一般缺腐殖酸70％的事实,也不了解腐殖酸要与生物菌肥、碳铵配合,才能将固态碳变成气态碳,供植物吸收利用。相反,不少农民错误地认为化肥和鸡粪肥力大,效果来得快,往往只重视单一地施鸡粪或化肥,给作物带来各种病症和障碍,造成减产。

(2)正确做法

经过农业部的广泛试验,证明腐殖酸有机肥,对蔬菜生产有以下七大作用。

一是胡敏酸对植物的生长刺激作用。腐殖酸中含胡敏酸38％,用氢氧化钠可使胡敏酸生成胡敏酸钠盐和铵盐,施入农田能刺激植物根系发育,增加根系的数目和长度。根多而长,植物就耐旱、耐寒、抗病,生长旺盛。蔬菜具有深根系主长果实,浅根系主长叶蔓的特性,故发达的根系是决定果实丰产的基础。

二是胡敏酸对磷素的保护作用。磷是植物生长需要的主要元素之一,是决定根系的多少和花芽分化的重要元素。磷素是以磷酸的形式供植物吸收的,一般当时当季利用率只有15％～20％,大量的磷素被水分稀释后失去酸性,被土壤固定,失去了被利用的功能,只有同有机肥结合穴施或条施才能持效。腐殖酸中的胡敏酸与磷酸结合,不仅能保持有效磷的持效性,并能分解无效磷,提高磷素的有效利用率。无机肥料过磷酸钙施入田间极易氧化失去酸性而失效,利用率只有15％左右,腐殖酸拌磷肥利用率比单用过磷酸钙高2～3倍,利用率达30％～45％。每667平方米施50千克腐殖酸拌磷肥,相当于100～120千克过磷酸钙,肥效能均衡供应,使蔬菜根多、蕾多、果实大而饱满,而且味道好。

三是提高氮、碳比的增产作用。蔬菜高产所需要的氮、碳比为 1：30,增产幅度为 1：1。近年来,不少农民不注重有机肥的投入,而化肥的投入较大,作物所需氮碳比仅为 1：10 左右,因而严重地制约了产量。腐殖酸肥中含碳 45%～58%,增施腐殖酸肥,蔬菜增产幅度达 15%～58%。

四是增加植物的吸氧能力。腐殖酸肥是一种生理中性抗硬产品,与一般硬水结合一昼夜不会产生絮凝沉淀,能使土壤保持足氧态。因为根系在土壤 19% 含氧态中生长最佳,有利于氧化酸活动,可增强水分、营养的运转速度,提高光合强度,增加产量。腐殖酸肥中含氧 31%～39%,施入田间时可疏松土壤,贮氧吸氧及氧交换能力强。所以腐殖酸肥又称呼吸肥料和解碱化盐肥料。

五是提高肥效作用。腐殖酸有机肥是采用高新技术制成的,该项技术使高浓度的多种有效成分共存于同一体系中,多数微量元素含量在 10% 左右,活性腐殖酸有机质为 53% 左右。大量试验证明,腐殖酸综合微肥的功效比无机物至少高 5 倍,用它做叶面喷施比土施的功效高许多倍。腐殖酸肥含络合物 10% 以上,叶面或根施都是多功能的,能提高叶绿素含量,尤其是与难溶微量元素发生螯合反应后,易被植物吸收,从而提高肥料的利用率。所以,腐殖酸肥还是解磷固氮释钾的肥料。

六是提高植物抗虫抗病作用。腐殖酸肥中含芳香核、羧基、甲氧基和羟基等有机活性基因,对虫有害,特别对地蛆、蚜虫等害虫有避忌作用,并有杀菌、除草作用。腐殖酸中的黄腐酸本身有抑制病菌的作用,若与农药混用,将发挥增效缓释能力。对土传菌引起的植物根腐死株,施此肥可杀菌防病,也是生产有机绿色产品和无土栽培的廉价基质。

七是改善农产品品质作用。钾素是决定产量和质量的大量元素,土壤中钾存在于长石、云母等矿物晶格中,不溶于水,如腐殖酸肥中含这类无效钾 10% 左右,经风化可转化 10% 的缓性钾,速效钾只占全钾量的 1%～2%,经化学处理 7 天后可使全钾以速效钾释放出 80%～90%,土壤营养齐全,病害轻。腐殖酸肥中含镁量丰富,镁能促进叶面光合强度,植物必然生长旺,产品含糖度高,口感好。腐殖酸肥对植物的抗旱、抗寒等抗逆作用,对微量元素的增效作用,对病虫害的防治和忌避作用,以及对农作物生育的促进作用,最终表现为改进产品品质和提高产量。生育期注重施该肥,产品可达到出口创汇有机食品标准。

目前河南生产的"抗旱剂一号",新疆生产的"旱地龙",北京生产的黄腐酸盐,河北生产的绿丰 95、农家宝,美国产的高美施等均系同类产品,且均用于叶面喷施。叶用是根用的一种辅助方式,它不能代替根用,腐殖酸有机磷肥是目前我国惟一用于根施的高效价廉的专利产品。新绛县财吉腐殖酸有限公司在腐殖酸以上七大作用的基础上,又增添了 5 个钾、3 个氮、9 个磷等作物必需的大量元素并加入硼、锌、钼等微量元素,生产出一种平衡土壤营养的复合有机肥。在蔬菜生产上用该肥做基肥,可增产 15%～54%,投入产出比达 1∶9。

每 667 平方米施秸秆 2 000 千克或牛粪 3 500 千克,腐殖酸肥 50 千克,满足碳素供应,防止单施鸡粪因氮、磷过多和缺碳、钾而造成僵小果。

31. BIO-G(百奥吉)复合微生物菌剂的作用

(1)错误做法

许多菜农认为施生物菌肥效果来得慢,不懂得菌液的扩散能量和巨大作用,不知道有益菌占领生态位后,可平衡植物和土壤营养,预防蔬菜生产上出现的很多疑难杂症,还能提高蔬菜产量和品质。因而不肯施用生物菌肥,或施用的积极性不高。

(2)正确做法

BIO-G菌剂是多种有益微生物共生在一起,产生多种功能的有效微生物复合菌剂。现将该菌剂中6种有益微生物的作用分述如下。

①光合细菌的作用。该菌属独立营养微生物,本身富含蛋白质、维生素、辅酶、抗病素和促生长因子。它以土壤接受的光和热为能源,将土壤中的硫氢和碳氢化合物中的氢分离出来,变有害物质为无害物质,并以植物根部的分泌物、土壤中的有机物、有害气体(硫化氢等)及二氧化碳、氮等为基质,合成糖、氨基酸、维生素、氮素化合物,抗病素和生理活性物质等,是肥沃土壤和促进植物生长的主要力量源。光合菌群的代谢物质可以被植物直接吸收,成为其他微生物繁殖的养分,使光合细菌数量增殖,其他有益微生物会同步增殖。

②乳酸菌的作用。以嗜酸乳杆菌为主体,它靠吸取光合细菌、酵母菌产生的糖形成乳酸。乳酸具有很强的杀灭杂菌能力,能有效抑制有害微生物的活动和有机物的急剧腐败分解。乳酸菌能够分解在常态下难以分解的木质素和纤维素,并使有机物发酵分解。乳酸菌能抑制连作障碍产生的致病菌增殖。

③酵母菌的作用。它利用植物根部产生的分泌物、光合细菌合成的氨基酸、糖类及其他有机物质产生发酵力,合成促进根系生长及细胞分裂的活性物质。酵母菌在BIO-G中对于促进其他有效微生物(如乳酸菌、放线菌)增殖所需要的基质(食物)提供重要的给养保障。此外,酵母菌产生的单细胞

蛋白是动植物不可缺少的养分。

④放线菌的作用。它从光合细菌中获取氨基酸、氮素等作为基质，产生出各种自然抗生物质、维生素及酶，可以直接抑制病原菌。它获取有害菌和杂菌所需基质的能力很强，从而可抑制杂菌的增殖，并创造出其他有益微生物增殖的生存环境。放线菌和光合细菌混合后的净菌作用比放线菌单兵作战的杀伤力要大100多倍。它对难分解的物质，如木质素、纤维素、甲壳素等具有释解作用，其分化的营养极易被植物吸收，植物营养平衡，可提高对各种病害的抵抗力和免疫力。放线菌也会促进固氮菌即根瘤菌增殖。

⑤革兰氏丝状菌的作用。以发酵酒精时使用的曲霉菌属为主体，它能和其他微生物共存，尤其对土壤中酶的生成有良好效果。因为酒精生成力强，可消除恶臭，防止成虫趋臭产卵，即蛆虫和地下害虫的发生。

⑥BIO-G中的光合菌群，不仅在叶子上，而且在土壤、水中都可以利用热能，合成抗氧化物质、氨基酸、糖类和各种生理活性物质来促进植物的生长，还会使土壤中的其他有益微生物活跃壮大起来；抗氧化物质使有机肥料不臭而发出香味，使植物根的活力加强，提高吸收养分的能力。BIO-G中微生物的群体连携作用，可以改善土壤环境，抑制有害微生物，丰富有益微生物，形成再生机制，溶解磷、钾，固氮，使能量立体化，并改善土壤的酸、碱、黏、沙和易涝、易旱等不良性质，促进团粒化，提高土壤的保水和透气性能。BIO-G菌群的分泌，可直接促进植物生长，还能分解残留的农药，使土壤还原于抗氧化状态，充分发挥作物在良性状态中惊人的生育能力。

通过以上BIO-G菌剂中多种有益微生物的作用的介绍，广大农民可以放心施用该菌剂，使蔬菜在良好的状态中生长，从而取得优质高产的效果。

32. 有益菌对有机质的分解作用及对蔬菜的增产效应

(1)错误做法

农业低效益的原因,主要是对自然界能源利用率太低。比如:①阳光利用率低。单位面积上太阳光的利用率在1%以下,即使是合理密植的作物在生长旺盛期,太阳能的利用率也只有6%～7%。②粪肥利用率低。有机肥的营养平均利用率在24%以下,化肥的合理施入的利用率也仅为10%～30%,盲目施入的浪费量高达90%以上。而对空气中含量为71.3%的氮营养利用率也在1%以下。③光合产物的可食部分利用率低,水、土、光、温等自然生态环境,使作物在生长发育的耗能数倍的漫长过程后,其可食部分也只占整个植物体的10%～40%。④投资、投工等的总投入产出比仅为1:1～3。

由于目前不少地区对应用有益菌的认识不足和重视不够,有益菌的应用仍陷入了"淡区",致使农作物的生产效益得不到应有的提高。

(2)增产效应

有益微生物群(Effective Microorganisms,EM)是由5科10属80多种微生物复合培养而成的多功能微生态制剂组成,包括光合细菌、乳酸菌、酵母菌、放线菌等对人类和动植物有益的微生物,是包括好气性微生物和嫌气性微生物在内的所有再生型微生物的有机共生复合体,由日本琉球大学比嘉照夫教授研制成功。EM自20世纪90年代引入我国后,经广大科研人员的攻关,对引进的EM进行消化、吸收和改进,成功研制出CM、EM-2益生素、加酶益生素等同类系列产品及不同剂型的产品,至今我国已有9种EM产品投入市场,其中液体产品 6 种，即 EM1(含全部的 EM 菌，也就是通常所说的 EM)、EM2(以放线菌为主)、EM3(以光合细菌为主)、EM4(以乳酸菌和酵母菌为主)、EM5(由 EM1＋白酒＋糖蜜发酵而成，又称为 EM 发酵液)以及环境用 EM；粉状产品有农用 EM、饲料添加 EM 和生活垃圾发酵 EM 3 种。

复合微生物群(Compound Microorganisms，CM)，是在 EM 配方的基础上对各种菌类重新组配而成，国内产品有山西兴牧有限公司生产的 CM 亿安神力(种植业用)和 CM 亿安奇乐(养殖业用)等。过去，农业科技工作者只着眼研究植物地上部的投入与产出，即依赖光合作用合成养分，而忽视地下部分的有机物转化，即不通过光合作用合成养分。CM 则可将植物残体中的长链分解成短链，将碳、氧、氢、氮营养直接组装到新生植物体内，形成不通过光合作用而产生的食物，而且合成速度及数量惊人，至少是光合作用的 3 倍以上。为了推广、扩大有益菌在蔬菜生产中的应用，现将有益菌的分解作用及对蔬菜的增产效应综述如下。

①有益菌对有机质的分解作用

第一，对土壤有机物的分解作用。CM 和 EM 施入田后能很快改变土壤性质，其表现为：一是其分泌的有机酸、小分子肽、寡糖、抗生物质等，能杀灭腐败菌，占领生态位。二是微生物复合菌团，能将腐败菌团分解的硫化氢、甲烷等有害物质中的氢分解出来，将原物质变有害为无害，并与酸解氮、二氧化碳固定合成为糖类、氨基酸、维生素、激素等物质，使分解菌繁殖加快，为植物提供丰富的营养。三是有益菌团中的乳酸菌、放线菌、啤酒酵母菌、芽孢杆菌等，在酶的作用下，能将纤维素(木质素)、淀粉等碳水化合物分解成各种糖，以及将蛋白类分解成胨态、肽态、氨基酸态等可溶性有机营养，直接组装到新生物体上,成为不需要光合作用而形成的新植物和果实。据测算,有机物在这种土壤中属于扩大型循环,营养利用率可达 1.5～2 倍。

第二,对动、植物残体的分解作用。有机物在有益菌作用下,碳氢化合物分解成多糖、寡糖、单糖和有机酸,可被新生植物直接吸收,二氧化碳无回归到空气中的机制;蛋白质则分解成胨态、肽态、氨基酸态等可溶性物质,也可被新生植物直接吸收,氮分子也无回归到空气的机制。这种以菌丝体形态的有机循环捷径,既不浪费有机能量能源,又使碳、氮、氢、氧等以团队形式组装到新生植物上,使作物生长尤为平衡和快捷。CM 等有益菌施入田后,可将动、植物残体分解、组装到新生植物中,其地下暗化生长作用比地上光合作用生长量大数倍。

②有益菌对蔬菜的增产效应机理 CM 菌与根结线虫、韭蛆、蚜虫、白粉虱、斑潜蝇等害虫接触,使成虫不会产生变态酶(脱皮素)而不能产卵,卵不能成蛹,蛹不能成虫。CM 菌中的乳酸菌和放线菌不仅能抑制腐败菌和病毒,而且其分解有机体形成的肽、抗生素、多糖可防治叶霉病、晚疫病等病害。CM 菌能将难溶态的锌、硼、钾、碳等营养分解成可溶状态,达到抗病、增产作用。

施用加入有益生物的碳素后,可减少氮、磷肥投入量的 60%～80%,这是因为固氮解磷功能和直接将有机物进行转换作用,减少了化肥对农田和食品的污染,取得低投入、高产出的效应。例如,每 667 平方米菜地施入牛粪(含碳 26%)、鸡粪各 2 500 千克,或施入大量秸秆(含碳 45%),在 EM 菌的作用下,可增产 1 万千克以上。此外,在 EM 菌的作用下,只需补充少许钾肥,其他 15 种营养素就可基本调节平衡。1 克

CM 液体肥中含有益生物菌 10 亿～350 多亿个,1 克固体 CM 菌肥中含有益生物菌 2 亿～10 亿个。每 667 平方米菜地施用液体 CM 菌 1～2 千克或固体 CM 菌肥 100～150 千克后,每季可分解有效磷 2～4 千克(相当于过磷酸钙 10～50 千克,提高磷肥利用率 77.4%)、分解有效钾 6.8 千克左右(相当于硫酸钾 13.6 千克)、提高有机氮利用率 22% 左右(相当于碳酸氢铵 30～50 千克),可吸收空气中的氮,减少氮、磷肥投入 50～80 千克,同时可分解牛粪和秸秆 3 000 千克以上。

③有益菌在蔬菜生产上的增产效果 CM 菌肥能平衡土壤和作物营养,控病抑虫,解除肥害,使有害病菌降低 70% 左右,且可增加植株根量 70% 左右。例如,一茬茄果类蔬菜每 667 平方米用 CM 有益生物菌肥 100～150 千克,与鸡粪、牛粪各 2 500 千克拌施后,仅在结果期施用 45% 硫酸钾 100 千克,而不再施用其他肥,每 667 平方米产量达 10 000 千克左右。

生产实践证明,有机质氮素粪肥(如秸秆、牛粪、腐殖酸肥等)与有益菌拌施或冲施,具有以下作用:一是有益菌能占领生态位,可改善土壤恶化现象。二是在连续阴天及弱光条件下,有益菌能使新生植株保持正常运转而不衰凋。三是有益菌可以抑制因粪害、肥害等引起的根茎坏死现象,促生新根。四是有益菌与有机碳、氢、氧肥结合,只需补施少量钾肥,即可有利于作物高产优质。此外,施用有益生物菌肥后,蔬菜作物可直接吸收碳、氧、氢、氮而增强抗病能力,并对 pH 值具有双向调节作用。

33. 复合微生物菌肥的制作

(1)错误做法

很多农民不会制作生物菌肥,或者将生物菌剂直接撒在有机肥上,使有益菌繁殖慢,肥效差;不清楚生物菌与碳素肥混合施用才能发挥巨大作用,在生产中单一施用,达不到应有的效果。

(2)正确做法

①生物有机肥堆制步骤

【配　料】　鸡、鸭、鹅、猪、牛、羊粪,秸秆(尤其是豆类秸秆最好)、甜菜渣、甘蔗渣、酒糟、豆饼、棉籽饼、食用菌渣、风化煤等为原料。根据自选配方,并将各成分粉(切)碎后混匀,将含水量调节为 $30\%\sim70\%$;碳、氮比为 30:1。每 1 000 千克料种可放复合微生物菌 $1\sim2$ 千克。

【接　种】　先稀释菌剂,将其均匀喷洒在混合物料上。

【发　酵】　将接种后的物料堆放在发酵棚里压实堆制,堆宽 2 米左右,堆高 80 厘米左右(以操作方便为宜),长度不限;发酵时间 $10\sim15$ 天(视环境温度而定)。当料温达到 $50℃\sim55℃$ 后维持 $3\sim4$ 天时间,以彻底杀灭杂菌和虫卵。如果只需做到普通的有机肥,保持好氧发酵,直到发酵完成即可;如果进一步制作生物有机肥,在除虫杀菌完成后继续厌氧发酵,堆温控制在 $35℃$,会逐渐产生酒曲香味,发酵完成后质量指标完全符合国家标准。

②调控技术　影响发酵的主要环境因素有温度、水分、碳氮比。碳、氮比是微生物活动的重要营养条件,适于微生物繁殖的碳、氮比为 $20\sim30:1$ 。猪粪碳、氮比平均为 14:1,鸡粪为 8:1。单纯用粪肥不利于发酵,需要掺和高碳、氮比的物料进行调节。掺和物料的适宜加入量,稻草为 $14\%\sim15\%$,木屑为 $3\%\sim5\%$,菇渣为 $12\%\sim14\%$,泥炭为 $5\%\sim10\%$ 。谷壳、棉籽壳和玉米秸秆等均为良好的掺和物,一般加入量为 $45\%\sim50\%$ 。

③影响生物有机肥肥效的关键因素

一是菌种。不同微生物菌及代谢产物是影响生物有机肥肥效的重要因素，微生物菌通过直接和间接作用（如固氮、解磷、解钾和根际促生作用 PGPR）影响到生物有机肥的肥效。

二是有机物质。生物有机肥中有机物质的种类和碳、氮比，是影响有机肥肥效的重要因素。如粗脂肪、粗蛋白质含量高，则土壤生物增加，病原菌减少；有机物中含碳量高，则有利于土壤真菌的增多；含氮量高，则有助于土壤细菌增多，碳、氮比协调则放线菌增多。有机物中含硫氨基酸含量高，则对病原菌抑制效果明显。几丁质类动物废渣含量高，将带来土壤木霉、青霉等有益微生物的增多；有益微生物的增多和病原菌的减少，均会提高生物有机肥的肥效。

三是养分。不同生物有机肥的组成，其养分含量和有效性不同，如含动物性废渣、禽粪、饼肥高的生物有机肥，其肥效高于含畜粪、秸秆高的生物有机肥。

四是菌液存放的适宜温度。温度为 4℃～20℃，密封，避免阳光直晒。如发现液面有少量白色漂浮物（菌膜）或底部有少量黄白色沉淀均属正常现象，摇匀后即可使用。堆肥时要用井水、干净的沟渠水或河水，若用有消毒剂的自来水时，应晾 24 小时后再使用。微生物肥料一般不和抗菌素、化学杀菌剂同时混合使用。

34. 有益菌的施用

(1)错误做法

有益菌要与牛粪、植物诱导剂、硫酸钾配合施用，才能取得理想的效果。但部分菜农往往单独施用有益菌或有机肥，不但粪肥浪费 50% 左右，而且产量增幅只有 10%～30%，效果相对较差。

（2）正确做法

夏秋茬番茄栽培的成败关键是防止病毒病引起的缩秧、卷叶和花脸硬果；越冬茄子关键是预防黄萎菌引起的死秧和营养不平衡引起的僵果、腐烂果、徒长秧等。蔬菜病毒病的发生原因是高温、干旱、缺锌、有虫害。真菌、细菌病发生的原因是钾、硼、铜、钙缺乏引起的症状。CM 菌肥能将根与秧、蔓与以及土壤营养调节平衡，特别是可将锌、硼、钙、钾、碳等几种防病膨果的营养分解成可溶性元素，达到抗病增产作用。CM 菌肥还能平衡土壤和植物营养，控病抑虫，解除肥害，使有害病菌降低 70%。植物诱导剂可增根 70% 左右。50% 硫酸钾每 100 千克可供结果 6 000 千克左右。

2005 年新绛县西曲村文春木、文江胜，早春大棚栽茄子苗后施用 CM 生物菌肥，一生无病毒和死秧现象；果形好，产量高，食味好，一级果达 90%，每 667 平方米一茬产果 9 000 千克以上。比对照增产 4 200 千克左右。

以茄子施肥方案为例，一茬茄果类蔬菜每 667 平方米用生物菌肥 50～100 千克与鸡、牛粪各 2 500 千克拌施后，只需在结果期再施 100 千克钾肥，其他化肥一概不用，每 667 平方米产量可达 10 000 千克左右。

生产实践证明，有机质碳素粪肥（秸秆、牛粪、腐殖酸肥等）与 CM、EM 微生物菌剂拌施或冲施，具有以下好处：一是有益菌能占领生态位，可改良恶化的土壤；二是连阴天在无光、弱光情况下，有益菌能使新生植株保持营养正常运转而不衰凋；三是因粪害、肥害等引起的根茎坏死，有益菌可以抑制枯死，促生新根；四是有益菌与有机碳、氢、氧肥结合，只需补少量钾肥,无缺素症引起的病害,无须再补充其他元素,产量可提高 1 倍左右,实践与理论数字相吻合。

此外,对酸碱度不平衡等,投入 CM 菌后,作物可直接吸收氢、氮而起到愈和植物伤口、作物的缺素病变等作用,对 pH 值也具有双向调剂平衡作用。

35. 利用豆类根瘤菌节支增产的方法

(1)错误做法

不少农民只知道购买有形直观的固体肥料投入农田,可增产增收,不会利用飘浮着的天然气体营养。豆类植物根瘤菌早期生长多,固氮能力强,节能增效明显。根瘤菌发生发展良好,能吸取空气中的氮元素,可节约氮肥投入 2/3,亦有一定的解钾、硅和释磷、钙的平衡营养作用,特别能将腐败的碳氢有机化合物即植物、动物残体分解成植株根系直接吸收的营养,对老菜田和盐渍化土壤有降害减肥、增加透气性作用,对蔬菜高产优质具有显著效果。不少农民对此认识不清,致使生产上造成不应有的损失。

(2)正确做法

①充分了解根瘤菌的增效原理 空气中含氮 71.3%～78.1%,以气态营养的氮元素必须通过生物菌肥为载体固定后,才能被植物的根叶吸收。土壤中氧化钾存在于晶格石中,五氧化二磷存在于磷矿石中,硅、钙存在于石灰石中,在华北地区,多以粗颗粒存在于土中,遇酸才能分解出来,供作物利用。而生物菌能将其分解成微酸性营养供植物吸收。动、植物残体系碳素营养的主要来源,固态碳必须在生物菌肥和水的作用下才能转化成二氧化碳、氧、氢、氮链团供植物吸收。这几种营养均是植物生长的主体和大量营养素,对蔬菜长势

和产量起决定性作用。

②培养根瘤菌的方法

一是接老根瘤菌种。将上年豆类作物的老根挖起,把根瘤多的根与瘤剪下,洗净,置于30℃以下暗室阴干,然后切碎磨成粉,用塑料袋封存在干燥、清洁、无光直射处备用。有效期为1年。蔬菜下种时先将种子喷湿表面,再将浸湿的含水量达35%左右的根瘤菌粉,按每667平方米所需种子拌50克根瘤菌粉,可提高土壤和蔬菜的活力和抗逆性,平衡土壤和植物营养,仅此项技术即可增产20%左右。

二是借有益菌种。将种植667平方米所需的种子用EM生物菌、CM菌300~500克拌种,或在下种后随水冲施在苗畦上,豆类蔬菜根瘤菌可增加36%,比对照增产9.1%~34.7%;在干旱期,比对照增产7.4%。用生物菌肥浇施其他蔬菜,可增产50%左右,减少肥料投入50%~70%。与碳素有机肥配合效果尤佳。

③根瘤菌培养和应用注意事项 根瘤菌繁衍最活跃须具备以下条件:一是充足的有机质碳素营养,即秸秆、厩肥、腐殖质等。二是保持24℃~28℃的温度和70%左右的空气相对湿度。三是可通过"接种"和"借种"提前与有机质粪肥沤制,可大批量生产生物菌肥。四是豆类作物苗期根瘤菌需及早拌用,其他蔬菜冲施EM、CM菌,用后最好不要在田间冲施硫酸铜等杀菌剂,以免影响有益菌的繁衍。必须使用杀菌剂清田时,要在播种前半个月的空闲期进行。

36. 植物诱导剂(氢、氧)对蔬菜抗病增产的原理

(1)错误做法

多数农民习惯于在配制植物诱导剂的浓度时少加水、多

放药,认为这样效果明显,不认真按说明书的要求和按当地当时的气温、湿度灵活配制,致使效果不佳。因此,一些农民误认为施植物诱导剂效果不明显,或使植株过于矮化不长。

(2) 正确做法

植物诱导剂系我国生态农业专家那中元启动研究的有机植物细胞激活剂,由百余种中草药粉组合而成。它无毒、无害,将各种植物生物特性基因提取组合而成的表达剂,其中有党参的活性基因、松柏的耐寒性基因、仙人球的耐热基因、小麦的深根多粒基因、海藻的耐涝基因等。蔬菜秧灌施或喷用后,能集聚植物界抗冻、抗旱、耐水、耐寒、抗光、抗氧化基因于一体,使常规品种特性异常的抗病高产。蔬菜使用植物诱导剂后,其光合速率比对照株提高 1 倍以上(国家 GPT 技术测定为 50%～491%),植物整体细胞活跃量提高 30%左右,半休眠性细胞减少 20%～30%,对作物具有促进和矮化双向调控抗逆性能。其增产原理和效果简述如下。

其一,20 世纪 60 年代,我国制定的"土、肥、水、种、密、保、管、工"农业八字宪法,至今都是以投入产出多少来衡量生产技术的高低,而忽视了无成本资源即光、气、温、生物效率的开发利用,也没有认识到植物本身的效率机制激活后,能大幅度提高植物光合作用和光合产物。

阳光作为植物生长动力之源,其速率与植物遗传信息间和信息网络系统激活反馈关系巨大,对土、肥、水、种、温、湿、药、菌,甚至与播种深度以及覆盖物关系密切。无阳光,肥、水、温、种等因素对植物生长无作用。但是,一种作物能否接受和吸纳多种植物特殊性基因将对植物本身光合速率大小起决定性作用,是当今人类向植物果实、植物向阳光要速率的高新生物技术。

作物接触植物诱导剂,光合强度增加 50%～491%,从而使作物超量吸氮,氮利用率提高达 1～3 倍,这样就减少了氮肥的投入。

蔬菜作物享用植物诱导剂后,络氨酸增加 43%,蛋白质增加 25%,维生素增加 28% 以上,从而做到不增加投入就可以获得品质优良的产品。光合速率的大幅度提高与自然变化逆境相关。喜温性蔬菜幼苗能抗 7℃～8℃ 低温,炼苗后能耐 5℃～6℃ 低温,不受冻害。而对照单靠自身基因者全部受冻僵果。华北地区温室内栽培蔬菜施用植物诱导剂后,外界温度为 －17℃ 左右,夜间温室只盖草苫不生火仍能生长。如温湿度满足能使蔬菜超常生长。施用 1 次植物诱导剂,多数植株矮化抗病,果实丰满,畸形果少,起到了控秧促根、控蔓促果的丰产型株型特征效果,植株病症甚少。

其二,因光速率导致氮利用率的提高,氮素化学肥料投入量减少,作物因而耐碱、耐酸、耐涝、耐旱,是因为植物休眠细胞减少、细胞整体活动加强所致。

作物生长所需的三大元素是碳、氧、氢,其在植物生成中分别占 45%、45% 和 6%。这三种元素对作物的生长具有重要的作用。

一是二氧化碳的作用。二氧化碳是植物的气体面包,正常生长所需碳、氮比为 30:1,增产幅度为 1:1。光合速率大幅度提高,必然导致二氧化碳将同化率也大幅度提高,植物诱导剂能使作物二氧化碳利用率提高 200 倍,从而能使叶色变深,光合强度加大,产量大幅度提高。据在山西省新绛县北熟汾尚虎子田观察,施用植物诱导剂后,茄果大,植株无病症,而对照株叶旺果小。

二是氧气的作用。氧气不仅有信息性、能量来源性,还有光氧性,光能将水分在作物体内分解成氢和氧,氢、氧本身能对植物起信息表达作用。先以氧为例,作物体本身含氧高,氧足能使植物在低温、高湿环境中利用蓝、紫光产生抗氧的高光效应,所以能抑病杀菌,使嫌气性病菌无生存繁衍环境。同时病菌在真空和高氧环境中也不能生存,所以施用植物诱导剂还有高氧灭菌、灭虫的作用,使蔬菜秧苗矮化和协调健壮生长,不易染病,就是多氧抑菌增抗性的作用。氧足能使植株花蕾饱满,叶、秆壮而不肥,花蕾成果率高。

三是氢气的作用。作物产量低,源于病害重;病害重,源于缺素;营养不平衡,源于根系小;根系小,源于氢离子运动量小。使用植物诱导剂,光合作用提高后,便会产生大量氢离子向根部输送,使根系吸收力加大,难以运输的微量元素如铁、钙、硼等离子活跃起来,使植物达到营养平衡最佳状态,不仅抗侵袭性强,而且产品丰满,风味原真,还可防止氮多使茄果变空变皱。氮多了将造成氨积累而毒害植物细胞,氨多要争取平衡必然在植物体内争夺消耗电子和碳,从而降低了作物的抗性和产量。

新绛县刘建村梁立云在番茄出苗后浇 1 次植物诱导剂,其根系数目与对照之比为 95∶46,株高之比为 33∶66,根系多、植株矮化的作物产量高,早熟,果形好,光泽度高,风味纯正。

番茄在有 2~5 片真叶时喷施 800 倍液植物诱导剂,株高比对照降低一半以上(6 厘米左右),根系增加 1.2 倍;移栽缓苗后灌根,秆粗节短,叶小厚绿,早着果早上市 7~10 天,坐果位降低 4~10 厘米,层距 12 厘米,1.8 米株高可着果 8~10层。越冬温室栽培番茄,施用植物诱导剂后,不需用 2,4-D 等激素喷花,即可保蕾保花。

新绛县闫家庄闫生宝 2004 年在温室番茄上只施用 1 次植物诱导剂，结了 8 层果，株高 1.6 米，叶伸展度宽，着果早而大，增产 33%。

37. 植物诱导剂施用方法

每 667 平方米用原粉 50 克，放入塑料盆或瓷盆，不能用铝、铁盆，倒入 500 毫升沸水化开，存放 24 小时后，再对 40 升水灌根，或对 50 升水做全株喷洒。灌、喷后 1 小时浇水或喷水 1 次。

植物诱导剂是植物营养制剂，主要解决植物生长中对氧、氢营养的调节作用。以下介绍植物诱导剂在几种蔬菜上的应用范例。

(1) 植物诱导剂在茄子上的应用范例

新绛县下院村兰春龙 2004 年在温室茄子栽培上施用硫酸铜、植物诱导剂和 EM 地力旺，茄子没有死秧现象。叶片一直健壮无病生长，茄果大，果色亮。4 月份，该县南李村棚内茄子多数出现叶子黑点流行病，但兰春龙的茄子秧一个也没有传染上。下院村 40 余个棚收入均在 1.8 万～2.3 万元，每 667 平方米比没有施用植物诱导剂的南李村增值 5 000～10 000 元。

陕西省三原县鲁桥镇商业街 2 号谢永生，在陕西大牛心茄子品种幼苗期施用植物诱导剂 900 倍液，根壮无病，早春露地栽培每 667 平方米产量达 10 000 多千克。

植物诱导剂在茄子栽培上应用的好处：①根系可增加 1 倍左右，抗冻耐寒，营养平衡，越冬几乎无僵果。②防止徒长，株高降 50% 左右，第一果距地面 10～15 厘米，比对照低 20 厘米左右，株高 1.3 米，生 9～10 层果。③着果率高，80% 的腋芽处能生果 2～3 个,并可同时膨大,增产 20%～60%。温室越冬栽培每 667 平方米产量达 13 000 千克以上。

植物诱导剂在茄子栽培中的施用方法:每 667 平方米用 50 克原粉,用 0.5 升沸水化开,存放 24 小时后,随水冲入苗圃,或栽后对水 40～50 升灌根,施药后覆土,1 小时后浇水。

施用植物诱导剂后,要少施肥料 30%,几乎不需打药,还可防止因重茬造成的黄萎病死秧,早上市 7～15 天。

(2)植物诱导剂在西葫芦上的应用范例

新绛县南李村南生全 2004 年在越冬温室栽培西葫芦,11 月份下种,12 月中旬定植,当时外界气温达 -15℃ 左右,室内不加温。定植时,每 667 平方米用 50 克植物诱导剂对水 45 升,在植株具 5 片叶时喷施 1 次,开花期又喷 1 次,植株比没喷的矮 15 厘米左右,增产 40% 以上。双瓜膨大,无冻害、虫害,而对照不同程度地出现蔓枯和冻死株。

新疆阿克苏农技推广站用植物诱导剂 400 倍液在西葫芦定植时每株灌根 20 毫升,叶柄比对照平均短 7.6 厘米(15∶22.6),雌花多 7 朵(36∶29),植株开展度小 21 厘米(80.2∶101.7),单株产量高 2.7 千克(6.9∶4.2),提早上市 10 天,耐冻、抗病。该站的试验还证明,每株灌 250 毫升,则植株过小,产量与没灌的持平,说明温度、湿度与浓度有关,即高温、干旱期不宜用过高浓度或过多浇液。

植物诱导剂在西葫芦栽培中的施用方法:将 50 毫升诱导剂放在塑料盆中,用 500 毫升开水化开,存放 24 小时,气温在 25℃ 左右时对 20～50 升水用于灌根或喷洒,1 小时后再浇 1 次水或叶面喷 1 次清水。

(3)植物诱导剂在白菜、甘蓝、芹菜上的应用范例

新疆农一师六团园林处 2004 年 8 月 31 日在乌什县城关

菜地用植物诱导剂 600 倍液,对每株白菜灌 250 毫升或做叶面喷洒。11 月 21 日调查的结果是:每 667 平方米栽 2 778 株,用植物诱导剂灌根的单株重 4.87 千克,喷雾的单株重 4.36 千克,对照为 2.98 千克,增产 46.3%～63.4%。每 667 平方米产量达 12 112 千克或 13 529 千克,对照为 8 278 千克。在白菜生长中没发现病毒病、霜霉病和软腐病,包心紧实,口味脆甜。

新绛县宋温庄子柳宝贵 2004 年在早春甘蓝上用植物诱导剂 800 倍液灌根,结果球实,外叶少,不抽薹,早上市 12 天。每 667 平方米产量 5 800 千克,产值 4 500 元左右,比对照增收 2 000 元左右。

湖北省孝感市大悟县农业局蔬菜站用植物诱导剂 1 000 倍液在早春西芹上喷洒 1 次,收获时西芹植株比对照高 15 厘米左右,株壮叶绿,无病虫害,产量提高 30% 以上。

植物诱导剂在叶菜上的使用方法:将 50 克植物诱导剂放入塑料盆中,用 0.5 升开水冲解,存放 24 小时,对水 50～100 升做叶面喷洒,喷后 1 小时再喷 1 次清水。高温干旱期以多对水为宜;反之,少对水,宜在温度为 20℃～25℃时施用。

(4) 植物诱导剂在辣椒上的应用范例

甘肃省兰州市白银区水川镇金锋村吴明全 2001 年 12 月育 266.8 平方米地的辣椒苗,用植物诱导剂 1 800 倍液浇 166.75 平方米地幼苗,100.05 平方米地没浇,10 天后观察,浇过的秧秆粗叶厚,叶色浓绿,根粗壮白净,毫无病症。栽了 8 间温室,5 天后观察,缓苗快,节间短,开花早而多,不落花,不落果,没有 1 株染病虫害,早上市 10 天左右,而对照苗弱,栽了 3 间,均不同程度地染上根腐病和黑秆病。

新疆阿克苏地区八个县(团)级单位,在 24 处辣椒地上应用植物诱导剂 400 倍液,在各个生育期灌根,防治疫霉病效果显著,可使全苗高产。阿凡提县镇社菜农常志明在辣椒具5~6 片叶时应用植物诱导剂,果大色艳,增产 50％以上,首次采收一级商品果,处理与对照比为 2.4∶0.8,产量提高 2 倍。

(5)植物诱导剂在黄瓜上的应用范例

山西省稷山县宁翟堡曹来学等菜农 2002~2004 年在温室越冬黄瓜上,分别在植株具 3 片叶和 5 片叶时叶面喷施植物诱导剂 800 倍液,每 667 平方米用植物诱导剂 50 克,产黄瓜 14 000 千克,黄瓜一生几乎没病害影响,没有施用化学农药,管理省事,投资减少近 1 000 元,增产 40％左右。

山西省侯马市邰上村张文合 2006 年在温室黄瓜定植时用植物诱导剂 800 倍液灌根,灌后 1 小时再浇稳苗水,结果根壮而且多,叶、果适中,一生很少有病害,重茬黄瓜田无死秧现象。

植物诱导剂对黄瓜有目的的应用方法是:每袋(50 克)原粉放入塑料盆或瓷盆内(勿用金属容器),倒入 0.5 升沸水冲开,存放 12~24 小时待用。分别根据不同的施用目的,采用不同的施用方法,分述如下。

一是让植株倾向于抗冻,矮化,根深,耐高温、高湿,抗重茬,控病,抗虫等,每袋原液再对 20~30 升水,将全株叶喷湿后待 30~40 分钟,再喷 1 次清水。或每幼株浇根 5~8 毫升,1 小时后均匀浇 1 次重水。该浓度为特殊用量,在白天温度为 25℃~32℃,夜间为 15℃~21℃,湿度为 85％以上时应用为宜。

二是让植株倾向于根多茎粗,控秧促根,控蔓促果,控外叶促心叶,促叶厚实,促授粉受精,提高产量和品质,耐涝、耐热的,用 50 克原粉(开水冲开后)再对 40~60 升水,将叶面喷湿后,酌情喷水渗透。或每株浇根 40~80 毫升,1 小时后轻浇 1 次水。该浓度宜在温度为 20℃～28℃ 时进行。低温期、幼苗期使用浓度应低些或慎用。如植株大,施用浓度可大些;如植株长势健壮,营养生长和生殖生长平衡,幼苗期只用 1 次即可;否则,最多可用 2～3 次。

三是让植株倾向于耐盐碱、叶面积扩大,茎节拉长,生长加快,光合强度加大,大幅度提高现时产量,促使外叶和下部叶片生长衰败,缩短生长周期,提高前中期产量的,每 50 克原粉(开水冲开后)再对水 100～500 升做全株喷洒,或每株浇灌 150～250 毫升,于低温、干旱、弱光期即冬季与早春喷施和浇灌。

(6)植物诱导剂在番茄上应用范例

在番茄 2～5 片真叶前喷施植物诱导剂 800 倍液,株高比对照降低一半以上(6 厘米左右),根系增加 1.2 倍;移栽缓苗后灌根,秆粗节短,叶小厚绿,早produce果早上市 7～10 天,坐果位降低 4～10 厘米,层距 22 厘米,1.8 米株高可着果 8～10 穗,越冬温室栽培无须用 2,4-D 等激素蘸花,也可保蕾、保花。

山西省稷山县李老庄村吴王蛋 2004 年 12 月在栽培金鹏番茄时,每 667 平方米冲施植物诱导剂 50 克,植物生长协调,一生无病。每 667 平方米产果 13 000 千克。比邻地对照吴狗温等 3 户增产 2 800 千克。

植物诱导剂在番茄上的施用方法是:每 667 平方米用原粉 50 克放入塑料盆或瓷盆(不能用铝盆、铁盆),倒入 0.5 升沸水化开,存放 24 小时后,再对 40 升水灌根,或对 50 升水作全株喷洒。灌根或喷施后,经 1 小时再浇水或喷 1 次清水。需要注意的是,应选浇水前和白天温度为 25℃～32℃ 时施用为宜。

38. 钾对平衡蔬菜田营养的增产作用

(1)错误做法

多数农民不注重用钾,不了解钾是提高品质和产量的营养,是自然防治病害的营养,可以代替农药。另有一部分农民虽然知道钾对作物增产的作用,但盲目超量用钾,每667平方米一次施用超过24千克,使产量向相反方向转移。如番茄施氮肥过多,将抑制钾的吸收。对真菌蔓延引起的病害,传统的做法是用各类杀菌剂喷洒,但只能临时应急灭菌,却降低了植物的免疫力,第二天病菌又会大量繁殖,造成每隔2~3天就要打1次药,不能彻底解决问题,不知道补钾可以防病。叶子是光合作用的工厂,产生灰霉病后,多数人习惯用速克灵等高效农药杀菌,虽然能起一时作用,但难以彻底根治。又譬如韭菜干尖有两种原因;一是缺钾引起的灰霉病,二是高温缺钾、钙引起的干尖,但许多农民只知道用多霉灵和速克灵灭菌防治,在高温期无补钾、钙防治病害意识,往往造成损失。

(2)正确做法

按国际上公认的计算方式,生产93~244千克果实,需要1千克纯钾,而土壤中每667平方米施入1千克纯钾,可供92~124千克果实生长需要。目前,温室越冬蔬菜平均销售价每千克2元,每千克纯钾为4元,投入产出比至少为1∶23~31,严重缺钾的土壤投入产出比可达1∶70。

据山西省土壤肥料站和山西省农业科学院化肥网统计数字,目前高产高投入菜田普遍缺钾,一般菜田补充钾肥可增产10.5%~23.7%,严重缺钾者可增产1~2倍,因土壤常量元素氮、磷、钾严重失调,缺钾已成为影响最佳产量效益的主要因素。

据日本有关资料，氮素主长叶片，磷素分化幼胎、决定根系数目，钾素主要是壮秆膨果。蔬菜盛果期22％的钾素被茎秆吸收利用，78％的钾素被果实利用。钾是决定茄果产量的主要养料。另据荷兰有机质岩棉栽培资料，氮、磷、钾需要比例分别为214毫克/千克、46毫克/千克和302毫克/千克。

钾肥不仅是作物结果所需的首要元素，而且是植物体内酶的活化剂，能增加根系中淀粉和木糖的积累，促进根系发展、营养的运输和蛋白质的合成，是较为活跃的元素，钾素可使茎壮叶厚充实，增强抗性，降低真菌性病害的发病率，促进硼、铁、锰吸收，有利于果实膨大，花蕾授粉受精等，对提高蔬菜产量和质量十分重要。施磷、氮过多出现僵硬小果，施钾肥后3天果实会明显增大变松，皮色变紫增亮，产量大幅度提高。

钾肥不挥发，不下渗，无残留，土壤不凝结，利用率几乎可达100％，也不会出现反渗透而烧伤植物，宜早施、勤施。钾肥施用量，可根据有机肥和钾早期用量，浇水间隔的长短，土壤沙、黏程度，植株大小，结果盛衰等情况灵活掌握，一般每667平方米一次可施入24～30千克。每667平方米产蔬菜10 000千克的，叶旺时，需分别投入50％含量的运字牌硫酸钾200千克左右；叶弱时，需投入含氮12％、含钾22％冲施灵7千克可供产果250千克之需，增产效果十分优异。

因富钾土壤施钾对蔬菜也有增产作用，又因保护地内钾素缓冲量有所降低，土壤肥力越高，降低幅度越小，因此土壤钾素相对不足较普遍，所以有机肥中所含的钾和自然风化产生的钾只做土壤缓冲量施用，土壤钾浓度只有达到240～300

毫克/千克时,蔬菜才能获得丰产。

对高湿、低温期植物缺钾、缺铜引起的化瓜,果肉下陷,果皮薄、软腐后感染的病害,每667平方米施45%硫酸钾24千克,可充实果肉;叶面喷400~500倍液的硫酸铜,可增厚果皮,使灰霉病不能严重发展。在灰霉病发生期,在瓜果上喷EM菌肥400~500倍液,病菌会很快消失。幼苗期叶片喷植物诱导剂,可控叶,促进光合强度和抗逆性。

番茄浇水间隔期至少应为25天以上,以防止湿度过大感染灰霉病;每次随水浇施45%硫酸钾10~20千克;高温期叶面喷米醋、过磷酸钙浸出液300倍液,喷EM巨能钙或浇施EM生物菌肥平衡钙营养。勿用化学农药杀虫,可用杀虫灯、黄板诱杀种蝇,产卵期用草木灰、硫酸铜驱虫。对肥害引起的缺钾可浇水或浇生物菌液缓解,以提高夜间的温度。土壤缺钾时,每667平方米每次最多冲施含量为50%的硫酸钾24千克。

39. 把握钾肥的用量与效果

(1) 错误做法

不少农民不知道自己的田到底缺多少钾,故施钾带有很大的盲目性:前期施钾多,造成茎秆过粗或外叶过厚、肥大;施用氯化钾使土壤板结造成生长不良,氯过多还会伤根,使产品品质下降;施用含氮磷钾复合肥过多,氮多叶旺造成减产或氨害,磷多又浪费肥料,或使土壤板结。

(2) 正确做法

太原化肥厂复合肥分厂化验员李鹏、王振涛2006年11月18日在新绛县西曲村取土样(30厘米深度)化验分析见表1。

表1　山西省新绛县西曲村取土样(30厘米深度)化验分析表

采土地 点户主	pH值	有机质 (％)	含　氮 (％)	速效磷 (毫克/千克)	全　钾 (毫克/千克)
马兴旺 黄瓜田	8.1	1.99	0.1	86.2	127
王新生 甘蓝田	8.0	1.91	0.1	80.1	138
王千柱 黄瓜田	8.1	1.72	0.09	28.5	134
标准黄瓜田 含量对照	7.55	2.18	0.14	24.7	速效钾 239
余　缺(±,％)	—	−14～30	−30～40	＋8～286	−73～88

注:对照《中国蔬菜》1996年第5期,河北省固安县每667平方米产黄瓜23 700千克,产值4.7万元,全国最高纪录土样养分

由表1可知,菜田氮少磷富余钾奇缺,钾成为土壤营养相对最小值,且需要量最大,是影响产量的主要元素。因这次所取土样是在采收清田以后,氮已停施,原有的多已挥发,所以表中缺氮不能为据,在实际生产管理中,氮素超量施用也较为普遍。

①施钾标准

硫酸钾含量有33％、45％和50％之分。按运字牌含量45％计算,每667平方米施硫酸钾50千克可供6 500千克植株整体吸收;果菜类减去22％茎秆吸收外,每施45％硫酸钾50千克可供长果实5 600千克左右,因土壤中需留存部分钾素。所以,缺钾土壤第一年可多施,一般按45％硫酸钾50千克产菜4 000千克为施钾标准,因硫酸钾易溶于水,随水追施极为方便,每667平方米每次可施入量8～24千克。早期少

— 107 —

施,随结果盛期勤施、多施。浇水勤的作物(如黄瓜)一次可少施,浇水少且间隔时间长的作物(如番茄)一次可多施。

②应用范例

新绛县南庄村白和平兄弟俩反映:硫酸钾施入拱棚西葫芦中很管用,4～5天见效。每667平方米施25千克可增产瓜1500千克,每667平方米产量均在6000千克以上,产值均在10000元左右。马首官庄赵俊俊种的3000平方米暖棚西葫芦,每667平方米施45%硫酸钾100千克,产瓜60000千克,收入52000元。

新绛县横桥乡符村郝公木过去种的2600平方米拱棚韭菜产菜4000千克,产值8000元左右,常发生灰霉病。近几年每667平方米施硫酸钾25千克,每667平方米一刀割菜2200千克,收入6000余元,增产近1倍。

新绛县南李村南晋生在黄瓜田施入硫酸钾,3～4天产量增加2.5倍。辽宁省瓦房店市杨家乡台前村孙旭、辽宁省新民市大民屯村方巾村孙士晓,按钾＋生物菌肥＋植物诱导剂＋有机肥施用,每667平方米产量达20000千克,收入30000余元。

新绛县西横桥村芦九八,每667平方米甘蓝地施45%硫酸钾肥8千克,生长快,叶厚心实,在甘蓝每千克价格为1.8元时开始上市,每667平方米产值达4800元左右。

40. 有机生物钾对蔬菜的增产作用

(1)错误做法

如果钾与有机肥、有益生物菌肥不配合施用,单施钾将造成土壤和植物营养不平衡,有机肥不能充分发挥作用,从而造成浪费。钾素不能使果实得到充分生长,植物抗病抗逆性弱,蔬菜难管理,品质差,产量低。

（2）正确做法

有机生物钾是将氧化钾附着于有机质上,通过 EM、CM 有益菌分解携带进入植物体,使钾利用率达 100%。有机生物钾能改善生态环境,提高产品的质量;同等体积的果实,施生物钾的重量高 20%左右。施有机生物钾的果实丰满度、色泽度和生产速度均好。

钾素本身是植物必需的 17 种营养元素中较为活跃的元素,又称品质元素,而且是调节多种元素的兴奋素。有机生物钾可在植物体内逆行流动和转移,维持多种营养元素的吸收,控制植物气孔关闭,尤其能控制植物的抗旱、抗冻、抗热、抗真菌、细菌的侵染能力;能使可食部分增加 8%～28%,使一级商品率达 80%以上;能延长果实存放期,其产品符合绿色有机食品要求。

（3）应用范例

新疆乌鲁木齐 12 师五一农场张永刚,在蔬菜花期和结果期施用富万钾 600 倍液 2 次,每 667 平方米用富万钾 200 克,投资 12 元,比对照增产 1 400 千克,产值增加 1 400 元,投入产出比为 1∶116。

北京巨山农场场长李乃光 2002 年在黄瓜缓苗期、根瓜坐果期和盛瓜期,用富万钾 800 倍液喷施 3 次,每 667 平方米用富万钾 250 克,投资 15 元,比对照增产 597 千克。产值增加 776 元,投入产出比为 1∶51。

41. 有机蔬菜施肥技术

（1）错误做法

在有机肥＋生物菌肥植物传导素＋钾的施肥方案中,四要素配合不到位,有机肥不能被充分地分解和利用,生物菌没有生存和繁殖的营养载体,致使植物调节能力差,缺乏抗病力和增产营养能力,因而造成产量低、品质差。

(2)正确做法

①把握 12 个平衡

在生产有机蔬菜的施肥中,要注意把握 12 个平衡:一是土壤要疏松,含氧 20％左右;二是营养要平衡,注重碳、氢、氧大量元素,氮、磷、钾、钙、镁、硫中量元素,锰、锌、铁、硼、钼、氯微量元素,硅、钛、硒、稀土等元素的平衡;三是幼苗切方囤秧,栽后控水蹲苗;四是种子要选抗病的品种;五是露地栽培要合理密植,保护地栽培要合理稀植;六是白天温度保持在24℃～32℃,下半夜 7℃～13℃;七是空气相对湿度有病时保持65％,无病时保持 90％左右;八是光照下限为 3 000～9 000勒,上限为 5 万～7 万勒;九是气体二氧化碳控制在300～1 200毫克/千克;十是随水施生物农药和营养农药;十一是前期控秧促根,后期控蔓促果;十二是建设适宜的设施,降低成本,提高效益,如建设鸟翼形生态温室和两膜一苫大棚等。

②施肥方案

瓜果类菜每 667 平方米施秸秆或牛粪拌鸡粪各 2 500 千克＋EM 或 CM 有益菌肥(液态)1～2 千克,EM 或 CM 有益菌肥(固态)10～50 千克＋植物诱导剂 50 克或植物传导素 4粒＋钾(每千克氧化钾产叶类菜 244 千克,产瓜果类菜 122 千克)＝高产优质及有机食品。

③四项施肥技术

一是施碳壮秧抗逆。干秸秆中含碳 45％,牛粪、鸡粪中含碳 25％,每千克秸秆可供产叶类菜 10～12 千克,产瓜果菜5～6 千克。干秸秆中含氮 0.48％,磷 0.22％,钾 0.64％;牛粪中含氮 0.32%,磷 0.21%,钾 0.16%;鸡粪中含氮 1.63%,磷 1.54%,钾 0.85%。

作物生长所需的正常土壤浓度为 4 000 毫克/千克,超过 7 000 毫克/千克会引起反渗透死秧,或病害严重难管理。土壤中需要的有机碳、氢物质为 2%～3%,氮浓度为 100 毫克/千克,磷 30 毫克/千克,钾 240 毫克/千克。每 667 平方米只需总氮量 19 千克。每 667 平方米施 5 000 千克鸡粪,氮就达 81.5 千克,超过需要量的 4 倍,造成浪费又伤秧;磷达 77 千克,超过 4～5 倍,致使土壤板结,秧苗僵化不长;需有机质碳 1 660 千克,但只有 1 250 千克,缺 400 千克,应净施和多施鸡粪。每 667 平方米施鸡、牛粪各 2 500 千克,或秸秆 3 000 千克拌鸡粪 1 000 千克,这样除缺钾外,其他中量、微量元素均可满足供应,可无须再施化肥。

二是施有益菌平衡营养。每克菌液含 10 亿～350 亿个活性微生物。活性微生物能将有机肥中的碳氢固态长链物分解成短链及元素态,供植物根系直接吸收,增产幅度是光合作用的 3 倍(光合作用积累新生物体占 25%,有益菌分解有机物使碳、氢、氧、氮以团队形态暗化作用形成新生植物占 75%),增产幅度很大。活性微生物还可吸收空气中的氮(含量 71.3%)、二氧化碳(含量 300 毫克/千克),可满足作物对氮素的均衡供应。此外,活性微生物还可平衡土壤和植物营养,即有益菌占领生态位后,作物无肥害,不缺素,不易染病,好管理,产品优质。每 667 平方米基施固体菌肥 10～50 千克,施 1 次即可。也可施液体菌肥,每次施 1～2 千克,每隔 15 天施 1 次,一作可施 6～7 次,比施化肥、化学农药节省投入 2/3。

三是施植物诱导剂促根控秧。定植后,灌 1 次植物诱导

剂,可增加根系数目 70% 左右,光合作用强度增强 0.5～4
倍,作物几乎不染病,增产十分明显;叶面喷植物传导素或赛
众 28、润田稀土,可促进钙、硼等难溶性元素移动,可修复因
缺素引起的病害伤痕和虫害咬伤的皮层,防止病虫害蔓延,从
而提高作物产量和品质。

四是施钾可获得高产优质。每 667 平方米施有机肥
5 000 千克,其中含氧化钾 35 千克左右,每千克纯钾可供产叶
类菜 240 千克,产瓜果菜 122 千克左右。每 667 平方米叶类
菜产量要想超过 8 000 千克,瓜果菜产量要想超过 4 000 千
克,尚需投入含量为 50% 的生物钾 100 千克,以供产果实
6 000 千克的需要。但每 667 平方米一次含 45% 的生物钾的
施用量不能超过 24 千克,否则土壤浓度会偏高而导致减产。

42. 营养元素间互助与阻碍吸收对蔬菜生长的影响

(1) 错误做法

蔬菜产量的高低、品质的优劣在很大程度上取决于营养
供应是否平衡,作物的病害多是生态环境不平衡造成的。因
此,土壤缺啥就应补啥,作物需要什么营养元素就补什么元
素,这样才能获得高产优质的蔬菜。

(2) 正确做法

营养元素之间存在着互助或互抑(拮抗)作用,所以在给
作物补充各种营养元素和调节生长时,需掌握少量施用、勿过
量以免造成生理失衡的原则。

磷和镁有协助吸收关系,施磷叶色墨绿,光合作用强盛;
但磷过多植株矮化叶小,原因是磷能阻碍对钾的吸收,使植株
僵化果实细小。磷能阻碍锌吸收,使植株细胞不能纵向拉长,
可防止徒长,使生长点萎缩;但磷过多能阻碍对铜、铁的吸收,

使植物抗病性减弱,叶色变淡变硬。

钾能促进硼的吸收,使果实丰满充实;钾能协助铁的吸收,使新叶褪绿不明显,并能促进对锰的吸收,使叶面无孔不入、网状失绿;但钾过多可阻碍对氮的吸收,使植株秆粗叶小,且抑制对钙的吸收,使叶片干枯、果实脐腐等;并阻碍对镁的吸收,使整株叶发黄、软凋。

钙与镁有相助作用,可使果实早熟硬度好;但钙过多会阻碍对氮、钾、镁的吸收,使新叶变小、焦边,茎秆变细变短,叶色变淡。

镁与磷有很强的相助作用,可使植株叶片生长旺盛,雌花增加,并与硅有互助作用,所以能增强植株抗病性。镁与钾有显著的拮抗作用,镁过多可使植株秆细、果实小。

硼可促进钙素的移动,使植株营养能调节平衡,钙的指挥控制作用,能减少很多生理障害,特别是在气温不定期过低、过高时,对提高果实产量和质量的效果尤为突出。但硼过多会抑制对氮、钾、钙的吸收,使叶片出现黄褐色条斑甚至坏死。

锰与氮、钾有互相促进吸收的作用,使下部位叶不褪绿,植株生长旺盛;但锰过多会阻碍对钙、铜、铁、镁的吸收,使叶脉变褐,叶肉变为金黄色等,出现勺状叶、心叶变小等。

铁可促进对钾的吸收,使果丰叶艳;但铁过多会抑制对钙、磷、锰、锌、铜的吸收,使心叶变小、色暗等。

锌没有直接协助吸收元素的作用,但能促进植物体内自生赤霉素,使根尖和生长点伸长,从而促进对各种元素的吸收。但钙、磷、氮、钾、锰过多,会阻碍锌元素的吸收,使植株老化。

钼与磷、钾有互相作用,使植株抗旱、抗病、抗冻。钼对铁、锰、钙、镁、铵、硫酸有阻碍吸收的作用。

铜可促进钾、锰、锌的吸收,使作物茎秆变粗,心叶变绿,色泽变亮,抗性增强;但铜过多可阻碍对钙、氮、铁、磷的吸收,使叶片软化变黄。

根据以上各元素之间协助、拮抗、阻碍的作用,应掌握好施用量,以趋利避害,才能取得良好的效果。

43. 氮对蔬菜生长的影响

(1)错误做法

如果无机氮肥一次投入量过大,多余的氮会很快散失到空气中,浪费量达30%~70%。许多菜农不懂得施生物肥回收利用空气中的氮素营养,供植物均衡享用。目前,蔬菜氮素投入过多和不均衡较为普遍。氮素过多,蛋白质和叶绿素大量形成,细胞分裂加快,使营养体徒长,叶面积增大,叶色浓绿,下部叶片互相遮荫,影响通风透光,使营养生长过旺或抑制老化,蔬菜产量和质量下降,如发生空洞果、茎腐病和异常茎等。

(2)正确做法

氮是植物体内合成蛋白质、组成细胞核酸以及许多酶的组成部分。缺氮的植物体缺乏生命原生质组成材料,新陈代谢无法正常进行,叶片适应能力差,长势弱,表现为细小、直立。同时,氮也是叶绿体的组成部分,缺氮植物叶绿素含量较少,表现为叶色淡绿,严重时呈淡黄色,且失绿的叶片色泽均一,一般不会出现斑点或花斑。这与受旱和缺镁时的叶片变黄不同。受旱和缺镁是全株上下变黄,缺氮植物则是先从下部老叶变黄,因氮素化合物可在植物体内移动,所以黄化能从老叶向新生组织转移。此外,缺氮作物根系最初比正常的根系色白而细长,但根量很少,到后期则停止生长,呈现褐色。

①**氮素营养的特性**　氮素以游粒子形态运动,在空气中占 73.1%～78.3%。每 667 平方米上空的臭氧层中氮元素高达 4 800 吨,氮元素必须有附着物才能固定。在土壤和有机质招致大量微生物来固氮并随水被根系吸收,动、植物残体较多,微生物活动量大,固氮量亦多。如土壤中每施 1 000 千克秸秆,可固定 7 千克氮,随着秸秆体内的分化,一茬作物结束后,仅存 2 千克左右,植物体能吸收 2 千克,大半又散发于空气中。

氮素可以随水向下层扩散移动和随水溶解漂动而流失,是肥料中最易流失的元素。

②**氮素的标准用量**　在温室内栽培蔬菜,以 100 克干土中有 10～30 毫克可溶性氮为宜,以此换算,每 667 平方米则应有 7～14 千克可溶性氮,按每 667 平方米投入 10 千克纯氮计,1 500 千克秸秆或杂草可固定 10 千克氮,利用过程要包括挥发流失的 10 千克,如果是新菜田还需增加土壤贮存量的 5 千克左右,则折合施秸秆 4 000 千克为宜。如施秸秆过多,浓度过大,会危害作物根系。

③**氮素伤害原理**

一是伤害果。使果肉下陷不丰满,不充实,空洞大,轻而小,畸形。空洞果是外部生长快,氮素营养过多,而抑制磷、钾的吸收所致。磷是使籽粒饱满的主要营养素,钾是使果肉厚实的大量元素,如氮多缺磷、钾,果实就空洞、筋腐。氮多会影响对钙的吸收,会产生果软、果短。

二是伤害叶。有机肥和氮素化肥均会产生氨气、亚硝酸气,如温室在相对密闭的阶段一次施氮肥过量,会将叶片熏染中毒,使叶片凋萎、干枯或使叶色墨绿硬化。

三是伤害根。蔬菜根系在土壤 EG 值为 1.8 时，易发生生理障害；土壤浓度超过 7 000 毫克/千克，会出现反渗透而脱水死秧，这是因为氮素在植物体内运转快，其伤害的造成也快，在 25℃～30℃下 45 分钟可造成植株脱水，2 小时会引起根尖变黄，24 小时会使植株中毒枯死。

四是伤害茎。氮肥较多时，作物营养生长过旺而抑制生殖生长，使通风透光差，落花落果严重。氮素过重时，将抑制对锌的吸收，使植株矮化，茎节短，生长势弱。

五是伤害花。锌决定花器的活性和柱头的长短，硼决定柱头的粗细，钾决定花蕾的丰满度，磷决定籽粒的饱满，钙影响花柄离层的形成。如氮过多会抑制多种元素的正常供应，必然会造成花蕾细长，子房小，花粉粒不饱满，易落花落果或果实不大。

④氮肥的施用原则及解害　一是以有机氮肥为主，化学氮肥少量，以混施深施为宜；二是通过中耕排除杂气；三是少量多次。

解除氮害的办法：土壤浓度过大时，浇大水降温，稀释土壤浓度，通过中耕排气，保护根系；施氮肥后及时通风换气，保护叶片；植株矮化时，可喷硫酸锌 700～1 000 倍液缓解调整植株；高温、低温期叶面上喷硼、钾、钙营养 800 倍液保证产品质量；发生氮害时，遮阳降温，对叶面喷水，切勿通风造成脱水蔫秧。

44. 磷对蔬菜生长的影响

(1)错误做法

许多菜农不明白磷肥一次使用量过多，磷素会失去酸性而被土壤凝结造成失效；磷积聚过大会使土壤板结，破坏土壤团粒结构,使植物呼吸作用加大而老化。目前,多数菜田并不缺磷,缺磷多是施用氮肥、锌制剂和石灰过多,或光照不足所致。很多地区因磷肥施用量过多而引起植株早衰,这是现在存在的最大问题。尤其是对经济价值高的蔬菜盲目施磷,使植株的呼吸作用超常发挥而消耗大量积累的营养物质,致使生殖系统器官运转加快,过早地发育和衰退。同时,磷素过多将抑制对锌、铁、镁等元素的吸收,导致叶子老化,有的人却误以为是叶面喷肥引起的副作用。此外,磷素过多使土壤中离子的正常交换受到极大的影响,磷的不平衡造成土壤中离子间"打架"而形成恶性循环。所以,要使蔬菜正常生长,就一定要重视磷素的平衡供应。

(2) 正确做法

磷的平衡供应,有利于细胞的分裂和增殖,增加根系数目和促其伸展,促进花芽分化和生长发育。磷的主要功能是形成细胞分裂所需的核酸与核苷酸,尽管氮过多不利于磷素的吸收,但磷却能促进氮素的代谢,其主要原因是磷形成核酸基因等蛋白质、原生质。氮素含量高,占主导地位时,磷能促进光合作用和能量有效转化,同时又利于碳水化合物的合成运转。由于磷具有这些功能,所以能提高蔬菜对外界环境的适应能力,如抗旱、抗寒性等。

植株缺磷时,细胞不能正常分裂,能量不能及时转化,碳水化合物不能平衡运转,使各种代谢过程受到不同程度的抑制,植株生长迟缓,矮小瘦弱而直立,根系不发达,致使细胞发育不良、不分裂及花芽分化失常,雌花着生少。叶色呈暗绿色或灰绿色,缺乏光泽。缺磷有助于铁的吸收,可加速叶绿素的形成,使叶色深暗,间接地促进了花青素的形成,粘附在被滞留的碳水化合物上,因而叶色有紫红色斑点或条纹,严重时叶片生理失调、枯萎脱落,症状从基部老叶开始,逐渐向上部发展。这种情况,在温室蔬菜上时有发生。

①磷素营养的特征　磷在土壤中移动性小,集中穴施不易流失,以磷酸游离形态溶解后,极易被根系吸收利用,但也易被水溶稀释游离酸后被土壤吸附而固定,并逐渐转变成难于利用的状态。过磷酸钙对土壤无酸化作用,还能给作物提供硫和钙;磷矿粉在酸性土壤中可渐渐转为有效磷态,是价廉持效肥料,均为有机蔬菜准用磷肥,硝酸磷和磷酸二铵在绿色产品生产上限用和禁用。

②磷素的用法与用量

一是根据土壤酸碱度选择磷肥品种。如过磷酸钙易被作物吸收利用,适用于各种土壤。磷矿粉、钙镁磷肥在酸性土壤中效果好,易分解;石灰性、碱性土壤中也可用,肥效较差,但混合有机肥和菌肥施用,肥效能大大提高。

二是根据磷酸特性选定施用方法。磷肥与酸性有机肥、厩肥、腐殖酸肥(动、植物残体)混施效果好。过磷酸钙做基肥、种肥、追肥均可,做基肥、种肥以条施、穴施、深施为佳,做追肥以少量多次为宜。钙镁磷肥以拌种或蘸根为佳,磷矿粉以早施或与酸性有机肥堆腐后能提高肥效。

三是根据土质和产量定向施磷。分配磷肥以新菜田、缺磷田和露地为多,如每 667 平方米施有机肥超过 5 000 千克,特别是牛粪、秸秆肥超过 3 000 千克,就不需再施磷肥了。每 667 平方米基肥最大投入量以过磷酸钙为标准,可达 100 千克,中后期每次施 5～10 千克即可。

③解除磷害的方法　土壤速溶性磷以 24～60 毫克/千克为准,如磷过剩首先会造成土壤板结或盐渍化,透气性差,微生物减少,导致蔬菜根系缺氧而矮化,叶片僵硬皱缩,

生长点萎缩,果实小,土壤营养不平衡,产量低,质量劣。其解决办法:一是增施微生物菌剂解磷;二是深耕土壤,增加透气性;三是填土、换土。因为磷不易流失,所以土壤造成磷积累难以解除,为此应慎用磷肥,净化土壤,这对于持续高产十分重要。

45. 钙对蔬菜的抗病增产作用

(1)错误做法

传统认为华北地区属石灰性土壤,普遍不缺钙,这是事实。但钙元素在土壤中易被凝固,特别在干旱期,高、低温期吸收困难,这一点往往被多数人所忽略。华北地区土壤中不缺钙,加之钙素移动性很差,施钙肥是一种浪费。只要注重施生物菌和有机肥,就无须补施钙素肥料。在高温、低温期,在叶面上喷些钙素营养即可。补钙能防止蔬菜生长点萎缩、干烧心、叶缘枯干和果脐腐等症。许多菜农经常往田间大量施钙肥,造成很大浪费。

(2)正确做法

钙素是植物细胞壁的主要组成部分。缺钙细胞不分裂,植株不生长。多数人对钙素的作用认识比较早,知道缺钙会引起茄果的脐腐生理病害和细菌性病害;干旱,温度过高或过低将影响作物对钙的吸收。

①钙素的特性　钙在植物体中属于难移动元素,易固定,不易倒流或再利用,钙在众多营养元素中起协调吸收作用,即植物徒长时施钙,可抑制对锌的吸收而使植株健壮;矮化时停止施钙可促长,还能起平衡调控营养作用,即生长点和花序处生长活跃,钙协助和促进众多元素向生长活跃处运转。因而,缺钙首先在生长快的地方有所反应,表现为幼叶卷曲、畸形,

新生叶易腐烂,继而使硝酸等在叶内积累而造成酸害,出现叶缘焦枯现象,叶片出现灼烧状,生长点萎缩、干枯。

②钙的抗病增产作用　钙在矿物质营养中的吸收量占第二位,如蔬菜生长必需养分量,氧化钾为 5.1%,氧化钙为 3.5%,氮为 3.3%,五氧化二磷为 0.8%,氧化镁为 0.8%。土壤过湿,根系缺氧、钙,植株会徒长或沤根死秧;土壤干旱,钙素凝结不能随水进入植物体内,将使植株矮化不长;气温过高水分蒸腾量大,钙会出现流动障碍,心叶内卷果实软腐;低温期水分蒸腾量小,根系不活跃,钙素移动缓慢,会造成叶凋叶薄;氮、磷多时抑制钙移动,幼苗会僵化,所以育壮苗在较瘠薄床土上安全,蔬菜落果,是钙难以从茎叶向果实移动,从而使果小脐腐或形成离层脱落。条腐果也是缺钙、钾、硼诱发的土壤酸化。钙吸收受阻还会造成裂果、裂茎。总之,缺钙在干旱、高温、低温期,病菌生存受到抑制,表现为生理病害,温、湿度适宜时,病菌活力强,又表现为真菌、细菌病害,成为传染性病源。

③补充钙素的方法

一是在酸性土壤中,每 667 平方米施石灰 70～100 千克;在碱性土壤中,每 667 平方米施氯化钙 20 千克或石膏 50～80 千克。

二是在高温、低温期向叶面喷 0.3%～0.5%氯化钙溶液或过磷酸钙 300 倍液或米醋浸出液。

三是在干旱期傍晚浇水和生物菌剂,在适温期溶解分化土壤钙素,促进植物吸收。

四是在作物易发生缺钙阶段和已有缺钙症状时,停施氮、磷、钾肥,追施硼、锰、锌肥予以缓解。有机肥充足,不应补钙肥,只需经常浇施些生物菌肥以分解土壤和有机肥中的钙素供应。低温、高温期无论植物有无病症,均需在叶面上补钙,以免导致生理病害造成损失。结果期少施磷肥,每次每 667 平方米施 5~8 千克为宜,以防止土壤板结,出现钙质化僵皮果。在果实膨大初期,向叶面喷钙素、米醋 300 倍液。

46. 镁对蔬菜的增强光合作用

(1) 错误做法

目前,我国许多菜农没有使用镁的习惯。由于大量施氮、磷复合肥,土壤盐渍化后,使叶片发生生理障碍而失绿,又被误认为是缺镁症,所以,在有机肥和生物菌肥使用充足的情况下,一般不考虑施镁。镁决定叶片光合强度,不少人一发现叶片发黄就补氮,而不知补镁,致使叶片黄化。

(2) 正确做法

镁是叶绿素的组成成分,是许多酶的活化剂,可参与脂肪代谢和氮的代谢,对调节植物体内酶的活性十分重要。镁含量本身是一个重要的质量标准,增施镁肥可增加产量,适量施镁可增加叶绿素、胡萝卜素及碳水化合物的含量。

①蔬菜缺镁症状

蔬菜缺镁时,叶绿素含量下降,并出现叶片、整株、群体失绿。蔬菜的叶脉间叶肉变黄失绿,叶脉仍呈绿色,并逐渐从淡绿色转为黄色或白色,出现大小不一的褐色或紫红色斑点或条纹;严重缺镁时,整个植株的叶片出现坏死现象,根、冠比降低,开花受抑制,花的颜色苍白。

蔬菜缺镁前期下部叶片的脉间变为淡绿色,随后变为深黄色,并发生黄色小点,但初期叶片基部和叶脉附近仍保持绿色,后期叶缘向下卷曲,由边缘向内发黄,使作物提早成熟,但产量不高。

②蔬菜过量施镁的症状

在田间条件下,一般不会出现镁素过多而造成蔬菜植株生长不良的症状。但有时镁素过多会使根的发育受阻,茎秆木质部不发达。

③适用于蔬菜的镁肥种类及施用技术

常用的含镁肥料主要有硫酸镁、氯化镁、硝酸镁、氧化镁、钾镁肥等水溶性镁肥,可溶于水,易于被作物吸收利用。钙镁磷肥、磷酸镁铵、白云石等肥料中也含有镁,为微水溶性或难溶于水,肥效缓慢,适用于酸性土壤。

硫酸镁:是一种中性盐,不能用它来中和酸性,适用于pH 大于7的土壤。多用来配制混合肥料,或配入液体肥料做叶面喷施。

白云石:为碳酸镁和碳酸钙组成的复盐,含氧化镁21.7%,氧化钙30.4%。多用来中和土壤酸性,改良土壤。也常用来配制混合肥料。

钾镁铵:为长效复合肥料,除含镁20%外,还含钾33%,钾、镁溶于水,所含养分全部有效。

以上3种镁肥宜与其他肥料一起配合施用,可做基肥、追肥和叶面肥。

微溶于水的白云石等宜在酸性土壤上做基肥浅施,按镁的需要量计算,一般每667平方米施用1～1.5千克。氧化镁或硫酸镁宜在碱性土壤上施用,做追肥时宜早施,每667平方米用1%～3%硫酸镁或1%钾镁肥液50升左右,连续喷几次。钾镁肥喷施效果优于硫酸镁。

④注意事项

镁肥的肥效取决于土壤、作物种类和施用方法。镁肥主要施用在缺镁的土壤,如沙质土、沼泽土、酸性土、高度淋溶性的土壤上和需镁较多的蔬菜作物上。镁肥在番茄上施用效果好。在大量施用钾肥、钙肥、铵态氮肥的条件下,易造成作物缺镁,故宜配合施用镁肥。水溶性镁肥宜做追肥,微水溶性镁肥宜做基肥施用。有机肥充足可不补镁,需施生物菌肥 1 千克。整株叶片黄化时需补镁,一次可施腐殖酸肥 100 千克。结果期追施钾镁肥,如运字牌钾镁肥,含镁 20%,含钾 33%,可一次施 30 千克左右。

47. 硫在蔬菜生长中的作用

(1)错误做法

许多肥中都含有硫,有机质肥充足的情况下,没有必要再施硫,但许多菜农没有意识到这一点,往往还施硫肥,造成了浪费。

(2)正确做法

硫是含硫氨基酸、蛋白质和许多酶的组成成分,参与氧化还原反应和叶绿素的形成,可活化某些维生素,形成并存在于洋葱、蒜和十字花科植物中的糖苷油等物质中。作物缺硫会降低蛋白质质量和生物价。土壤中一般不缺硫,但近年来,有些地方由于长期施用高浓度的不含硫的化肥如尿素、磷酸二铵、氯化钾等,导致一些需硫较多的作物如葱、蒜类等施硫后表现出明显的增产效果。现将蔬菜上硫肥施用技术介绍如下。

①蔬菜缺硫症状 蔬菜缺硫,植株整体失绿,后期生长受抑制。初期先在幼叶(芽)上开始黄化,叶脉首先失绿,以后遍及全叶,严重时老叶变黄、变白,有时叶肉长时间呈绿色。茎细弱,根系细长不分枝,开花结实推迟,空果,果少。供氮充足时,缺硫症状主要发生在蔬菜植株的新叶上;供氮不足时,缺

硫症状则发生在蔬菜的老叶上。

②蔬菜过量施硫症状 田间施硫肥过多会引起蔬菜植株的非正常生长和代谢,叶色暗红或暗黄,叶片有水渍区,严重时发展成白色的坏死斑点。

③适用于蔬菜的硫肥种类和施用方法 生产上常用的含硫化肥主要有石膏、硫黄、普通过磷酸钙、硫酸铵、硫酸钾等。

石膏:是最重要的硫肥,由石膏矿石直接粉碎而成,呈粉末状,微溶于水,一般应通过 60 目筛孔才能施入菜田。农用石膏有生石膏、熟石膏和含磷石膏 3 种。生石膏即普通石膏,含硫 18.6%,呈白色或灰白色,微溶于水。使用前应先磨细,通过 60 目筛。熟石膏也称雪花石膏,由生石膏加热脱水而成,容易磨细,颜色纯白,吸湿性强。吸水后变为普通石膏,易变成块状,应存放在干燥处。含磷石膏是硫酸分解矿粉制取磷酸后的残渣,其主要成分是石膏,约含石膏 64%,含硫11.9%,呈酸性反应,易吸湿。

用石膏做肥料施入土壤,不仅能提供硫肥,还能提供钙肥。当土壤中有效硫含量低于 10 克/千克时,应施用石膏,可做基肥、追肥或种肥施用。在旱地做基肥施,每 667 平方米用15~25 千克石膏粉撒施于地表后耕耙混匀;做种肥,每 667平方米用量为 3~4 千克。

石膏除用做肥料外,主要用于改良碱性土壤。施用石膏时,应撒施于土面后深翻,并结合灌溉洗去盐分。石膏后效长,除当年见效外,有时第二年、第三年的效果更好,不必每年都施。

硫黄:粉状,难溶于水。它刺激皮肤,容易着火,不宜加入复混肥中。一般用膨润土造粒。在淋溶强度大的土壤中肥效好于干旱地区土壤。

硫肥可基施、追施,一般每 667 平方米用量为 5 千克左右,施用时应尽量与土壤混匀。将硫肥做基肥撒施时,施用时期应比石膏早,每 667 平方米用量为 1~2 千克。如将硫肥用于改良碱土,其施用方法与石膏相同,但用量应相应减少。

④注意事项　气温高,雨水多的地区,有机质不易累积,硫酸根离子流失较多,为易缺硫地区。沙质土也容易发生缺硫现象。当土壤中有效硫的含量低于 10 克/千克时,蔬菜植株极有可能缺硫。但土壤渍水,通气不良,也可能发生硫元素的毒害现象。因此,硫肥应施用于缺硫土壤。高产田和长期施用不含硫肥的地块应注意增施含硫肥料。

48. 锰对蔬菜的抗病和授粉作用

(1) 错误做法

锰是作物所需的微量元素,锰能抑菌防病,有机肥施足的田间不需补锰。但一些菜农不考虑土壤中是否缺锰,盲目施用锰肥,造成了锰中毒。

以锰元素为基质生产的植物保护性有机农资,已成为我国农药市场上的一大系列而被广泛应用,效果令人注目,但把它作为肥料施用以补充营养,使作物提高抗病性和授粉受精效果,以及它的保花保果效果,至今还被许多菜农所忽视。

(2) 正确做法

①锰营养的功能　锰是叶绿体组成物质,起叶绿素的合成催化作用,决定叶片的光合强度。锰是许多酶的活化剂,能促进硝酸还原,提高氮的有效利用率,可减少氮肥的投入。锰有利于蛋白质合成,改善糖等物质向根与果实的运输效果,还能降低生长期呼吸强度,减少营养消耗,起到控秧促根、控蔓促果的作用,进而提高果实产量。锰能促进糖核酸的磷以酯

类与总核苷的磷发生较强交换,使蔬菜果实籽粒饱满。总之,锰既能促使植物地上地下平衡、营养生长和生殖生长平衡,还能使体内各种营养协调平衡,特别在低中温期补锰,能使植物体相对活跃,使花粉正常发芽,花粉管平衡生长,果实均衡膨大,增强作物抗病性。

②锰的特性与缺锰症状　锰在植物体内不易移动,所以缺锰时从新叶开始,表现为叶肉失绿,斑点突出,边缘皱,叶脉绿,黄斑呈网状。缺锰严重时,失绿叶肉呈烧灼状、小片、圆形,相连后枯叶,停止生长;叶片厚硬,中位叶边缘失绿严重,叶缘下垂;叶近叶柄处失绿严重,叶尖叶色深绿。整叶褪绿变淡绿色,叶脉间有小褐点;叶片中部褪绿严重,继而褐腐、干枯。

③补锰的抗病促授粉技术

一是有机肥充足锰亦充足。每 667 平方米施有机肥 5 000 千克,可不补施锰肥。沙性土壤、石灰性土壤和碱性土壤每 667 平方米基施硫酸锰 10～20 千克,中性土壤每 667 平方米施硫酸锰 7～10 千克。

二是盐渍化重的老菜田土壤缺乏有效态锰,可追施硫酸锰 2 千克左右。

三是干旱时勤浇水,可促进锰还原,提高锰有效性。

四是缺锰时停施碳酸钙肥,以免降低锰的活性。

五是在干旱期、低温期、中温期每隔 7～15 天叶面喷 1 次多菌灵锰锌,乙磷铝锰锌,雷多米尔锰锌等含锰农药,既可抑菌杀菌,又可防病促长,还能使花粉粒饱满、花粉管伸长而提高授粉坐果率。

49. 锌对平衡菜田营养的解症作用

(1) 错误做法

锌能打破僵秧,使根尖和生长点纵向生长,还可防止病毒病。因此,一些菜农不管菜田里是否缺锌,盲目施用,造成锌过量,使植株纤细、徒长,又易感染真菌、细菌病害。多数群众都想让叶蔓长快些,其实地上部过于庞大,叶蔓过旺不利于增产。不少菜农认为肥多产量高,鸡粪肥力大,每667平方米施鸡粪达5 000千克,造成氮、磷过多,抑制了硼、锌素的供给,造成畸形果。番茄缺锌时卷叶。黄瓜缺锌时叶片僵硬、黄化。

(2) 正确做法

锌是酶的辅酶组分,对很多酶具有催化活性,能催化二氧化碳的水合作用,提高光合强度,增加物质积累。锌参与植物体的生长素如吲哚乙酸、赤霉素的合成。蔬菜缺锌生长发育会出现停滞状态,叶片变小,节间缩短,形成小叶簇生,心叶变黑变厚、果实变僵硬。锌与碳、氮代谢关系密切,缺锌时碳氢化合物结合形成糖和淀粉大量累积,不仅影响糖和淀粉生成,而且运转停滞或变慢,使植株矮化;果实因对硼、钾的吸收受阻碍而变小,花药长度变短,只有正常花药的1/3左右;花柱和子房比正常植株略粗壮,使花蕾不能开放而脱落,不能正常授粉受精而形成僵果。锌能调节蔬菜对磷的吸收,从而提高花蕾坐果率。蔬菜植物体接触到锌,锌素会随酶很快地被运转到生长点、根尖和花序处而大量自生生长素,对蔬菜药害僵硬叶、冻害衰败叶、肥害老化叶、氨害灼伤叶、盐害黄化叶、碱害矮化秧,因病毒病引起的缩头秧、卷叶、小叶、簇叶以及伤根、伤头引起的无头秧、龟缩头、老小弱苗等生理障害解症促长效果突出;并能促进老株再生新芽、新根、新叶,定植缓苗快,增根量可达 70％以上;对平衡土壤、植物营养,使秧与根、叶与果、蔓上下协调健壮生长,抵御真菌、细菌和病毒侵入。总之,锌的合理施用,对生产有机绿色食品蔬菜意义重大。

低温期用 96％硫酸锌 700 倍液、高温期 1 000 倍液做叶面喷洒;灌根时每穴用 96％硫酸锌 1 000～1 500 倍液浇0.3～0.5 升;随水浇施时每 667 平方米限量 1 千克,以单用效果明显,每茬作物限用 1～2 次,以防止过量施用使植株徒长。

不少资料及实践证明,有机质含量与有效锌呈正相关,但土壤有机质(如炭土)过高,则有效锌会呈下降趋势,土壤有效锌与碳酸盐含量呈负相关,土壤浓度在 6 500 毫克/千克以上,有效锌含量愈低,所以蔬菜栽培苗期除施用 1 次促长根系外,其他时期待出现有害症状时再基施有机肥(鸡粪、牛粪2 500千克)和生物菌肥,施足碳素,疏松土壤。番茄定植前后用植物诱导剂灌根 1 次,以增加根系。夏秋茬每 667 平方米施 1 千克硫酸锌,预防缺锌卷叶。

50. 铁在蔬菜生长中的作用

(1)错误做法

一些菜农在有机肥施足后,还考虑补铁;如蔬菜生长点发黄,下位叶发黑,多为土壤浓度过大而造成铁吸收障碍,而不是土壤缺铁,此时冲施生物菌肥或硫酸锌就能缓解。不少菜农盲目大量施硫酸亚铁等铁肥,往往导致蔬菜铁中毒,使蔬菜植株萎蔫或枯死。

(2)正确做法

铁是形成叶绿素的元素,是多种酶的成分和活化剂,是光合作用中许多电子传递体的组成成分,参与核酸和蛋白质的合成。

①蔬菜缺铁症状　蔬菜缺铁,植株矮小失绿,失绿症状首先表现在顶端幼嫩部分,叶片的叶脉间出现失绿症,在叶片上明显可见叶脉深绿,脉间黄化,黄绿相间很明显。缺铁严重时,叶片上出现坏死斑点,并逐渐枯死;茎、根生长受阻,根尖直径增加,产生大量根毛等,或在根中积累一些有机酸;幼叶叶脉间失绿呈条纹状,中、下部叶片为黄绿色条纹,严重时整个新叶失绿、发白。

②蔬菜过量施铁症状　铁素过多易导致植株中毒。铁中毒常与缺锌相伴而生。在老叶上有褐色斑点,根部呈灰黑色,根系容易腐烂。

③适用于蔬菜的铁肥种类及施用方法　适用于蔬菜的铁肥主要有以下3种。

硫酸亚铁:俗称铁矾或绿矾,为常用铁肥,含铁19%,淡绿色结晶,易溶于水。在潮湿空气中吸湿,并被空气氧化成黄色或铁锈色后,不宜再做铁肥施用,故应密闭贮存防潮。硫酸亚铁可用做基施、叶面喷施和注射,基施时应与有机肥混合施用。主要进行叶面喷施,浓度为 $0.2\% \sim 0.5\%$,一般需多次进行喷施,溶液应现配现用,在喷液中加入少量的粘着剂,可增强其在叶面上的附着力,提高喷施效果。

硫酸亚铁铵:含铁14%,淡绿色结晶,易溶于水。其施用方法同硫酸亚铁。

有机络合态铁:常用的有乙二胺四乙酸铁(含铁9%～12%)、二乙三胺五醋酸铁(含铁10%),两者均溶于水,施入土壤或作喷施的效果显著高于无机铁肥。乙二胺四乙酸铁适宜在酸性土壤上施用,稳定而有效,但对 pH 值高的土壤不适用。当 pH 大于 7.5 时,最好用二乙三胺五醋酸铁。一般用于喷施。

④注意事项　土壤缺铁比较普遍,尤其是石灰性土壤更为普遍。酸性土壤中过量施用石灰或锰时,蔬菜植株都会出现诱发性缺铁。栽培土壤的水、气状况严重失调,温度不适,也会影响蔬菜根系对铁的吸收。铁肥多采用叶面喷施,较少基施。一般在土壤有效铁小于 10 毫克/千克时施铁,有不同程度的增产效果;土壤有效铁大于 10 毫克/千克时,施铁基本无效。对铁较敏感的作物有蚕豆、大豆、玉米、马铃薯等,如在缺铁土壤上对茄果类作物施用铁肥,增产幅度可达 5.8% ～ 12.9%。

51. 钼对蔬菜的抗旱促长作用

(1)错误做法

目前只有少数菜农用钼抑制作物抽薹开花,很少有人懂得钼对蔬菜的抗旱促长作用,因而很少有人利用钼抗旱保苗。

(2)正确做法

钼在人体内可抑制亚硝胺类致癌物的合成和吸收。钼在扁豆中的含量为 12.8 毫克/千克,萝卜缨中为 10 毫克/千克,菠菜中为 6 毫克/千克,黄瓜中为 5.7 毫克/千克,白菜中为 1.7 毫克/千克,萝卜中为 1.25 毫克/千克等。

钼对植物的生长有奇特的滋补作用。20 世纪 50 年代,新西兰有一年长期高温干旱,牧草矮小干枯,濒临死亡,牛羊饿死无数。但牧场中奇怪地发现有一条 1 米多宽的小径两旁的牧草茂盛,经考察原来牧场上方有一钼矿,矿工来回所穿的靴底下沾着钼矿粉,使小径两侧牧草吸收到钼营养,因此长势顽强。

①钼对蔬菜生长的作用　钼是作物生长所需的微量元素。作物缺钼生理机能受到影响。钼是多种酸的组成成分,是酶新陈代谢中许多环节的纽带。当作物吸收各种无机物质

后,要将其转变成有机物质如蛋白质等,而钼参与促进光合产物和物质转换,分解和利用光合产物,即可改善细胞原生质胶体化学性质,促进各种营养素的平衡吸收,增强植物对不良环境因素的抗逆性。钼能使作物增强抗旱性,并参与蔬菜植株糖类代谢,在恶劣环境中保持植物营养体正常运输。

②蔬菜缺钼症状　蔬菜缺钼,叶脉呈浅绿紫色,叶肉呈米黄色,叶脉间发生黄斑,叶缘内卷,花序萎缩。硝态氮多时易发生缺钼,株蔓表现为萎缩症,叶缘叶尖干枯,叶呈狗尾鞭状,正面卷成环状,叶脉间有黄色斑点,叶由外向内,由白变褐而腐败。

③钼的特性及应用　一是土壤 pH 在 6 以上时,钼有效性提高,所以碱性土壤无须补钼。酸性土壤施石灰可提高钼的可给性。二是磷、硫肥较足时可导致缺钼,所以,磷硫肥施用过多,蔬菜植株矮化,需补钼促长。三是酸性土壤要追施钼酸铵、钼酸钠等钼肥,保持土壤含钼量为 0.2 毫克/千克。四是锰与钼有拮抗作用,所以锰肥和含锰农药要防止用量过大、过频而造成钼吸收障碍,使菜叶褪绿干枯。五是有机秸秆肥中钼含量适中,增施有机粪肥可不施钼。六是干旱和高温、低温期,在叶面上喷 0.02% 钼酸铵,可增强蔬菜的耐冻性,能忍受 6℃ 的低温。干旱时,钼能降低水分蒸腾,使植物体内水分保持长时期相对平衡,可减缓旱灾造成的叶枯茎干和落花落果,并能防止病毒侵入,避免感染病毒病。

52. 氯对蔬菜的抗倒伏作用

(1) 错误做法

氯对蔬菜茎秆具有抗倒伏作用,但不少菜农对氯的这个特性不了解。用氯化钾代替硫酸钾,不懂得氯过多能抑制植物根系活性,使植物老化早衰,使蔬菜纤维化,品质下降。如果每 667 平米一次施用量超过 25 千克,对蔬菜的不良影响更严重。

(2) 正确做法

氯是植物的 17 种必需营养元素之一,对于这一点人们早就认识到。但对于氯是植物体中较活跃的营养元素,能促进植物纤维化作用,增强病害抵抗性,使根茎坚韧,不易倒伏的作用,不少人并不了解。现代栽培技术证明,蔬菜适当施用氯肥可减少用药量,还可提高产品硬度和商品性状,这一点对于生产耐运输的无公害蔬菜十分有益。膳食科学证明,蔬菜纤维通过胃酸可分解出多种营养,供人体平衡吸收,并能起到消耗脂肪及防止细胞癌变的作用,其原因是脂肪细胞必须在碳水化合物中才能燃烧分解产生热能。另外,人在食用纤维素时多嚼具有固齿和增加口液的作用。因此,人尽可能常吃含纤维素多的食品,对人体健康大有益处。

常见的氯肥有氯化钾、氯化钠(食盐)、氯化铜、氯化锰等。每 667 平方米 1 次追施氯化钾 8~10 千克,以 300 倍液做叶面喷施;氯化钠、氯化铜为 500 倍液,氯化锰为 1 000 倍液,均做叶面喷施。根系吸收氯肥营养液浓度为 140 毫克/升,可防止蔬菜茎秆过嫩而染病或被虫害或倒伏。

温室蔬菜越冬生产,早期适当喷洒氯肥,可壮秆、硬果、防病。早春在大通风后,蔬菜不用再施氯,以防止果实过早纤维化,商品效益差。

53. 铜对防治蔬菜死秧的作用

(1) 错误做法

很多菜农对铜的认识不足,只知道施铜能杀菌,不知道施铜还能愈伤、避虫和使蔬菜增色等。有的菜农一茬菜施用两次铜或每667平方米一次施用铜超过6千克,既造成浪费,又伤害菜秧。

(2)正确做法

蔬菜枯萎病、蔓枯病、疫病、黄萎病均是由于生态环境不良、植株缺铜而引起的病害。这些病危害秧、蔓的共同特征是在结果初期导致死蔓、死秧、毁叶,许多菜农对此束手无策,有的人用有机农药防治也没有明显效果。

无机杀菌剂硫酸铜,是一种蔬菜作物保护性菌剂,发病前施用具有预防作用,发病初施用不仅具有快速杀死病菌的功能,还有刺激伤口愈合的作用。其药液附着在作物体和菌体表面,铜离子进入菌体内与细胞蛋白质共同发生作用,使菌体和虫卵不能进行代谢活动,因此也就不能侵入植物体为害了。同时,硫酸铜能分解分化土壤中的钾、磷、硼、硫、锌等营养元素,有刺激作物生长和增肥增产作用,是目前所有无机杀菌农药无法取代的杀菌促长良药。

硫酸铜施用的方法是:每667平方米施用2~3千克,在蔬菜播种前半个月或空闲期随水浇入菜田。或用2千克拌碳铵9千克,闷12~24小时,定植菜苗时穴施在根下。硫酸铜可彻底防治蔬菜死秧和杀菌护秧,净地有效期可达12~16个月。用硫酸铜配石灰、碳酸氢铵或配肥皂防治蔬菜叶茎病害,效果十分显著。

54. 硼对蔬菜的提质增产作用

(1)错误做法

硼对蔬菜壮秆膨果的效果十分明显,但如果施用过量也有害。很多菜农连续多次使用硼肥,每667平方米一茬施用量超过 1 千克,或叶面喷施浓度超过 200 倍液,结果蔬菜发生硼中毒,叶片受到伤害,导致减产。

(2)正确做法

硼是作物必需的营养元素之一,是促使果实丰满的首要微量元素。硼参与植物体内碳水化合物的代谢,硼素过多过少均会导致代谢紊乱。蔬菜缺硼,叶子光合产物不能运出而会大量积累,造成肥厚叶,继而钙化变硬;生长素合成降低,花药、花丝萎缩,花粉粒发育不全,影响授粉受精、着果和果实的膨大。据试验:缺硼时补硼,投入产出比值为 1:168 以上。蔬菜对硼素反应敏感,其亏盈症状与解害办法如下。

①缺硼症状　植株叶色暗绿,生长点萎缩明显变细,顶芽弯曲,花蕾枯腐,秆茎裂口,花蕾不开放,膨大慢,幼果僵化、空洞呈缩果扁圆状,果皮无光泽,有爪挠状龟裂,果肉变褐,近萼部果皮受害明显,生长慢,产量低;叶脉皱缩,叶片凹凸不平,茎叶发硬,生长发育受阻,叶片积累花青素而形成紫色条纹。

②硼过剩症状　叶片下凋,叶缘上卷,叶尖、叶缘出现灼伤状干枯,距叶脉远处叶肉产生锈色斑块,锈斑干枯下凹,以叶背面发生早而明显;叶脉由鲜紫绿色变为暗紫黑色,叶脉近处无锈斑。硼中毒属生理性病害,叶片无水渍状印染和霉毛,近期不易感染真菌、细菌;褐锈色叶肉钙化,韧性强,继而近叶脉处叶肉褪绿、变黄,整叶内卷,潮湿 15 天左右整叶腐败,在阴暗面着生真菌菌丝。

③发病原因　一是温室越冬蔬菜在 11 月至翌年 3 月初,因温度低、光照弱,吸收硼素能力弱;二是施有机物肥料少,土壤缺硼;三是高温使硼素流动范围窄,反应敏感,土壤水溶性硼含量以 2 毫克/升为佳,如过量会使叶片迅速中毒而受伤;四是根系吸水、吸硼和对硼浓度过大时的调节力差。

④**防治缺硼或硼过剩症的方法**

第一,主要重施牛粪、秸秆肥或腐殖酸肥,提高碳、氮比。在有机质粪肥充足的情况下,一般就不会缺硼。或在高温、低温期适当叶面补硼即可。

第二,深栽秧,苗期控水促扎深根。作物越冬期吸收肥、水能力强,如天气不特别冷一般不易缺硼而发生冬衰。

第三,施硼用量以少为佳,症状轻的每 667 平方米用硼砂 0.5 千克。症状重的用 0.7 千克,谨防超量中毒。一般叶面喷洒的浓度以 1 000～2 000 倍液为好,浓度上限为 700 倍液,土壤浓度以 3 毫克/千克为妥。用 700 倍液做叶面喷洒保蕾膨果明显,无硼害症状;用 250 倍液喷洒,花蕾成果率达 88％。每 667 平方米施硼砂 1.5 千克或叶面连喷 2 次 400～500 倍液,均会引起重度叶面硼中毒,所以,应特别注意防止叶面重度硼中毒。

第四,解毒方法。一是叶面喷 240 倍液的石灰水,因硼中毒植物体呈微酸性,喷石灰水可解毒。二是控制浇水,干旱时硼的有效性降低,施硼过多时控制浇水可减少有效硼的移动,避免和减轻硼中毒而沤根。三是每 667 平方米施石灰 50～80 千克,以固定硼素,缓解硼害。如为酸性土壤,有效硼在 1.2 毫克/千克时植物会中毒;石灰性土壤或撒上石灰,有效硼达 3～4 毫克/千克,植株仍不会中毒。四是用 40℃热水溶化硼砂,硼素有效性高,易中毒,应少量放硼砂,按最大对水量稀释。五是对植株中毒田施钙、镁、钾肥,可凝固和降低硼素活性而解害。

每 667 平方米施牛粪、鸡粪各超过 2 500 千克,土壤不缺硼;在低温期冲施 EM、CM 生物菌,可充足供硼。华北地区土壤普遍缺硼,需补硼,每 667 平方米冲入硼酸或硼砂 750 克

（用热水化开），1 茬作物施 1 次即可。叶面上喷硼，按 1 000 倍液浓度，可喷 2～3 次，以高、低温期喷施为宜。如果喷用浓度为 200 倍液，喷 1 次就会造成叶片中毒而坏死。

55. 硅在蔬菜生长中的抗逆抑虫作用

(1) 错误做法

由于过去没有把硅元素列为作物生长所需的 16 个主要营养元素之一，致使很多菜农不了解硅的特殊作用：硅浸种能使陈种子获得新生；用硅喷幼苗能提高成活率；硅能提高土壤营养利用率，控蔓促果。每 667 平方米施用秸秆肥超过 2 500 千克时，土壤中无须补硅。多数菜农不懂得用硅防治病虫害。

(2) 正确做法

作物生长需硅量很大，土壤含硅量下限为 95～105 毫克/千克。在含硅量为 200～300 毫克/千克的土壤上施硅仍有增产作用。

硅能促进磷的吸收，蔬菜作物特别是种子内含磷和需磷量大，施硅能减少磷肥投入，减缓磷多造成的土壤板结和氮、铁、锰过剩对作物的毒害。硅能促进根系氧化能力，并能在叶面形成上下角质双硅层，可降低水分蒸腾强度 30% 左右，起到抗旱和防治虫害的作用。

蔬菜缺硅，首先是生长点停止生长，新叶畸形而小，下部叶出现坏死，并向上发展，坏死比例增大，叶脉仍保持绿色，叶肉变褐色，下位叶片枯死，花药退化，花粉败育，开花而不受孕。使蔬菜产量下降 4%～26%。

硅元素具有增强茎蔓的硬度和抗病害侵染作用，其原理主要是硅可促进磷、钾、钙、镁、铜等元素的吸收，而磷可矮化植株，钾可壮茎，钙可增加硬度，铜可增加皮的厚度。同时硅元素能吸取消耗虫体质液,使害虫脱水而死,具有防虫伤和防止害虫传染病毒的作用。缺硅时,蔬菜叶感染霉菌,尤以附着褐黑色煤污为重。

在蔬菜生长旺盛期及产品形成期,每 667 平方米用多效硅肥水溶液(江苏南通市土肥站生产,100 克对水 70 升)做叶面喷洒,间隔 15 天再喷 1 次,叶绿素含量提高 7.9%,光合强度提高;茎秆负重增加 7.4%,提高抗倒伏性;干物质增加 9%,茎粗增加 20.6%,病毒病减少 94.2% 以上,投入产出比达 1:10.3。平均可增产 24.3%。

硅肥的施用方法是:碱性至中性和石灰性土壤含硅丰富,含硅 300 毫克/千克左右的,每 667 平方米可用硫酸锌 1 千克、硫酸锰 1 千克加硅肥 6~10 千克做冲施,过多无增产作用。土壤含硅量超过 380 毫克/千克的,每 667 平方米冲施 EM 地力旺生物菌液 2 千克或菌肥 50 千克,分解后即可满足对硅的需要。酸性土壤(pH 为 4 左右),土壤含硅量在 80 毫克/千克以下的,可与锌、锰肥或生物菌肥做基肥酌情施用。每 667 平方米施有机厩肥超过 4 000 千克或腐殖酸肥超过 200 千克的,就无须再施硅素矿肥或复混硅肥。蔬菜在授粉受孕期,叶面喷锌、硼、硅肥,能提高受精率和保花保果率,可增产 16% 左右。

56. 归还性土壤植物营养素——赛众 28 的作用

(1) 错误做法

20 世纪 60 年代前,我国土壤属瘠薄型,作物产量很低。21 世纪初,大多数菜田变为营养富余型,主要是受高投入高产出观点的诱导,造成了营养投入极度不平衡。土壤出现营养短缺时,投肥能暂时获得增产,但如不注重科学施肥,施用过量或施肥不平衡,就会造成土壤生态环境恶化,作物病害严重,产品质量差,最终将陷入高投入低产出、蔬菜越种越难种的境地。

(2)正确做法

所谓归还性土壤与植物营养,就是为了使土壤和植物营养齐全,补充土壤在高浓度状况下的营养短缺部分,平衡植物吸收喜好营养元素而造成的某种营养元素的透支。目前已知的可促使植物健壮生长的营养素有 40 余种。人为地平衡土壤养分,是使蔬菜持续高产优质的关键,也是蔬菜栽培管理的重要技术措施。

陕西合阳植物营养研究所研制生产的赛众 28,含有 35 种植物健壮生长的矿物自然营养元素,对植物具有长效缓释抗逆作用,完全消除了因化学肥料的"暴劲"而不能保持营养均衡供应,刺激植物虚长的弊病。

赛众 28 肥是多孔海绵体结构,能吸附土壤中过剩的氮、磷、钾等营养,待作物需要时又释放出来;能降解土壤中有害元素,吸附重金属和有害病菌,减少土壤中滋生盐碱的形成;调节植物体内源激素的平衡,使作物健壮生长而获得优质高产。赛众 28 不含磷、钾,可将空气和土壤中的氮吸附,能激活土壤中的磷、钙等固形养分,节约肥料,减少投入 50% 左右。一般菜田在有机肥不充分的情况下,每 667 平方米最多施入 50 千克赛众 28,可供作物吸收 6～9 个月。施用时注意全田均匀撒施,而后深翻。

2006 年 9 月份,晋南地区连续阴雨 22 天,多数番茄第二至第四穗出现空穗无果,减产 50%～80%。新绛县泉掌镇东韩村闫永辉,于 6 月份在番茄地里施入赛众 28,植株始终健壮生长,1.7 米高的植株坐果 9 穗,每穗 3～4 果,比对照增产 3 倍。

— 138 —

四、蔬菜栽培难题解决技术

57. 鸟翼形长后坡矮后墙生态温室建造

(1)错误做法

温室蔬菜病害重、产量低、品质差的一个先决因素是温室建造不合理,室内温度变化不适宜蔬菜作息要求,冬季散射光进光率少,光合作用时间短,营养利用率低,这三大要素不协调,是造成病害重的主要原因。不科学的温室结构是:墙厚70~80厘米,后墙高 1.8~2 米,山墙高 3.5~4 米,跨度 9~12 米,前沿内切角 17°~21°,方位正南,后屋深 80~90 厘米,内角 45°,在华北地区室内最低温度只有 4℃~6℃,致使蔬菜受冻、染病。

(2)正确做法

①结构特点　温室后墙较矮,后屋仰角大,冬至前后升温快,日照时间比琴弦式温室长 15~20 分钟;后屋深,冬季贮热量大,晚上最低温度为 12℃左右;前沿内切角大,太阳入射面大、散射光进入量比琴弦式温室大 17%~18%(图 1,图 2)。

②应用特点　露地夏茄子、黄瓜、豆角、辣椒等于 10 月底结束,早春茬温室喜温蔬菜在 4 月份大量上市,11 月份至翌年 3 月份是目前市场供应中的空当和缺口。用高大长跨度温室栽培越冬喜温性蔬菜,冬至前后室内最低气温在 2℃~6℃,光线弱,均处于"保命"生长阶段,产量很低。如果选用矮后墙长后坡温室生产越冬喜温性蔬菜。冬至前后太阳入射角可由琴弦式生态温室的 19°~20°提高到 28°~38°,底角为58°~60°,进光量增加 17%~18%,冬至前后室内气温变化与

蔬菜昼夜要求规律一样,栽培面积为占地面积的 67%。在低温弱光期,华北地区靠自然气候就能正常生长各类蔬菜,产量高,而且这段时间的产品又在元旦和春节前后上市,价格看好,效益明显提高。

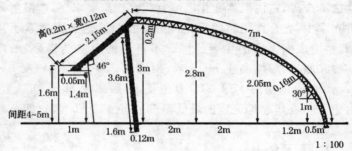

上弦:国标管外φ2.5厘米(6分管)
下弦:φ12#圆钢
W形减力筋:φ10#圆钢
水泥预制立柱上端端马蹄形,往后倾斜30°
水泥预制横梁后坡度46°,上端设固棚架穴槽

图 1　鸟翼形长后坡矮后墙生态温室横切面示意图

　　该温室的特点:冬至前后室温白天可达 28℃～30℃,前半夜 18℃左右,后半夜最低 12℃左右,适宜栽培各种喜温蔬菜

　　结构:后墙矮,仰角大,受光面大。后屋深,冬暖夏凉。棚脊低,升温快。前沿内切角大,散光进入量比琴弦式多 17%。跨度适当,安全生产。方位正南偏西 7°～9°,冬季日照及光合作用时间增加 11%。墙厚 1 米,抗寒,贮热性好。后屋内角 46°,冬至前后四角可见光。

　　③结构规范　建 667 平方米的温室需投资 9 000 元,墙体外包砖另增加投资 1 500 元,自动卷苦机 2 500 元。其结构规范要符合以下 8 项要求:一是前沿内切角 28°～38°,由于南沿内切角与冬至前后太阳入射角大致一样,所以内切角大,太

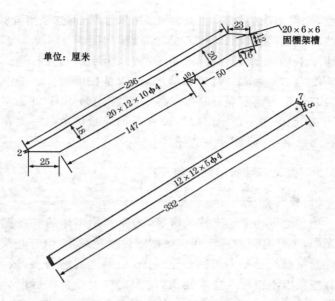

单位：厘米

固棚架槽
$20 \times 6 \times 6$

$20 \times 12 \times 10\Phi4$

$12 \times 12 \times 5\Phi4$

图 2　鸟翼形长后坡矮后墙生态温室预制横梁与支柱构件图

阳入射角就大，透光率就高，升温快。但是入射角越大，栽培床跨度越小，达 90°时就没有跨度，如何兼顾入射角和栽培床跨度，应以当地气候特点为依据，保证冬至前后室内最低气温达 12℃左右，以保证能正常生长各种蔬菜为准。这种温室入射角均大于琴弦式温室，故阳光透光率最大，又因为后坡属盖地面式结构，背风抗寒，故保温性最佳。此类温室属越冬型专用日光温室，冬季生长各种喜温性菜质量好，11 月份至翌年 3月份产量高。栽培黄瓜、茄子、辣椒、番茄、豆角，每 667 平方米收入均在 2 万元左右，是一种值得推广的廉价高效温室。二是后墙高 1.5 米，后坡长即预制梁长 2 米，坡梁高 20 厘米，宽 7 厘米，内设 4 根 Φ6.5 毫米的钢筋。三是立柱高 2.85 米（不包括埋入地下的 0.5 米），立柱厚、宽 12 厘米，内设 4 根冷拉丝,棚面为横梁骨架,上弦为 Φ3 厘米管材,下弦采用 Φ8 毫米线材,上下弦间隔 24～26 厘米,横梁间距为 3.6 米。四是山墙厚 1～1.2 米,室内北端留 66 厘米为水道和人行道。五是跨度为 7.6～8.2 米(包括墙厚)。六是长度为 45～50 米。七是方位正南偏西 5°～10°。八是后屋内角为 46°。此温室在北纬 43°地区甚至辽宁南部均适宜不加温栽培越冬一大茬各种喜温性蔬菜,而且效果良好。

58. 无支柱暖窖的建造与应用

(1) 错误做法

华北地区建造无支柱大暖窖,是要利用当地的昼夜温差和光照,生产喜温性蔬菜和越冬耐寒性矮生蔬菜,但有些菜农用此温室栽培越冬喜温性蔓生蔬菜,结果造成病害多,减产。还有些菜农不按标准要求建筑,设无支柱大暖窖如后屋大于 1 米,屋脊大于 2 米,后墙深度大于 1.1 米以上,跨度大于 6.6 米,致使蔬菜易染病,难于操作和管理。

(2) 正确做法

鸟翼形大暖窖是将鸟翼形标准温室尺度压缩了的设施,其造价是日光温室的 1/2～1/4,但其产出的效益并不比日光温室低,是目前值得大力推广的一种设施。这种大暖窖因其结构与一般温室稍有区别,无后坡或短后坡,类型多种多样,它在东北被称为“立壕子”,山东称“暖棚”,晋南称“温棚”,河北称“暖窖”。

暖窖按其跨度分大、小,按后坡分为有、无固定后坡两类;按墙体分为固定土墙和不固定禾秆墙两类。

现根据华北地区气候,即利用 9～11 月和 2～4 月两个时期,昼夜温差大,光照适中,夜温偏低,蔬菜价格高(即 12 月底至翌年3月底菜价高出夏秋菜的10～30倍)等特点,建成可越冬和延秋续早春栽培共用的大暖窖(图3)。

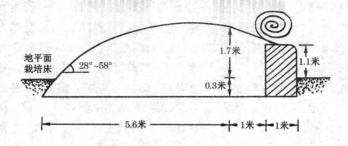

图3　鸟翼形无支柱大暖窖横切面示意图

　　①无支柱暖窖的标准规格　一是跨度为6.6米,过大南端蔬菜生长不良,易受冻害。二是地平面至棚顶高1.7米,比日光温室的高度(2.85～3.3米)低1.15～1.6米,栽培床低于地平面30厘米,散热慢,保温效果高1倍左右。三是墙厚0.8～1米,是当地最大冻土层的4倍左右。四是后墙高1.1米,背风,阳光射入栽培床升温快,蔬菜进入光和适温环境每天可延长30～40分钟。五是前坡内切角为50°～58°,能获得冬至前后最大的入射角(太阳入射角与内切角一样,以30°～58.5°为最佳)。六是长度为30～50米,因冬季三面墙散热保护范围为20～25米,如低于30米山墙遮阳时间长;大于60米,中部易产生低温障碍。七是建筑方位正南偏西5°～7°,便于延长深冬午后光照时间,以便能蓄积更多的热量,提高夜温。八是后坡内角为45°,可在南沿1.5米处和5米处形成两个受光带,窖内形成两个蔬菜高产带。笔者认为:一般在北纬40°以南,常年很少出现-20℃的低温,即晋冀鲁南及陕甘豫黄淮流域,海拔不超过1000米的地区,均宜发展此种规格的

143

暖窖,使温差可达 28℃～30℃,是低投入高产出的设施。

②无支柱暖窖建造技术 备 325 号或 425 号水泥 1 份,径粗 0.5 厘米石子 5 份,细沙 3 份。拱梁模具长 7.6 米,内宽 5 厘米,前端厚 10 厘米,中端 13 厘米,后端 15 厘米,顶端弯角处 20 厘米,内置 3 根 Φ6.5 毫米钢丝,下 2 上 1,用细铁丝编织固定,护养凝固后,用水泥砖砌固定端,间距 1.4 米,每 50 厘米用 1 根 12# 钢丝东西向拉直固定。后坡不处理,晚上用草苫护围即可。墙厚 1 米,贮温防寒;后墙高 1.1 米,背风;后屋深 90 厘米,便于揭盖草苫;跨度 6.6 米,保证耐寒性蔬菜苗不受冻;脊高 1.7 米(不包括地面以下 30 厘米),作物进入光合作用适温早,时间长;后坡不处理,便于降温,昼夜温差大,有利于产品形成和控制病虫害;无支柱,耕作方便,造价 5 000 元左右。适宜延秋茬续早春茬一年两作各类蔬菜栽培。

③蔬菜栽培要点 一是越冬茬。韭菜在 3～5 月播种,施铵褪绿,施锌返青,施钾增产,春节前后上市,每 667 平方米产 5 000～6 000 千克。芹菜 7～8 月育苗,元旦、春节上市,每 667 平方米产 5 000～6 000 千克。甘蓝 10 月育苗,春节上市,每 667 平方米产 4 000 千克。辣椒 9 月育苗,11 月定植,翌年 1 月上市,每 667 平方米产 3 500 千克。12 月至翌年 1 月需用蜂窝煤炉或木炭在晚上加温 15 天左右,因空间矮小比日光温室加温效果好,使辣椒授粉受精期不受低温影响,以免发生僵果。西葫芦 10 月育苗,12 月开始上市,每 667 平方米产 5 000 千克。二是延秋茬。西葫芦 8 月育苗,10 月上旬定植,10 月下旬开始收获,每 667 平方米产量 6 000～8 000 千克,产值 4 000～6 000 元。茄子 6 月育苗,8 月份定植,元旦、春节上市,每 667 平方米产值 1 万元左右。芹菜、辣椒、豆角、黄瓜、

144

番茄均在元旦前收获完毕,产值 5 000～8 000 元。三是早春茬。黄瓜在 12 月育苗,翌年 2 月定植,每 667 平方米产 10 000 千克左右。豆角 11 月播种,翌年 3 月初上市,每 667 平方米产 4 000 千克。番茄 11 月育苗,翌年 5 月收获完毕,每 667 平方米产 8 000 千克。辣椒、西葫芦、茄子、甘蓝、芹菜均可继延秋茬定植,两茬共收入 1.5 万～2 万元。

59. 三膜一苫双层气囊式鸟翼形大棚的建造与应用

(1) 错误做法

有的地方三膜一苫双层气囊式鸟翼形大棚跨度太大,棚型过高,升温慢,不便揭盖草苫作业;骨架竹片过薄过软,承压力差。

(2) 正确做法

此种大棚的设计与应用,应根据晋南气候特点、蔬菜生物学特性以及 11 月至翌年 4 月的蔬菜价格规律建设,以创造出投资小、管理省事、适宜作物控病促长的生态环境。

①自然环境特点与应用优势　影响冬季蔬菜产量的主要因素是光照和温度。晋南为北纬 35°地区,属大陆性气候,是全国光照和昼夜温差最佳地区。冬季(12 月至翌年 2 月)平均光照度为 1.3 万勒,天气晴朗时高达 3.2 万勒,而蔬菜生长的上下限光照要求为 9 000 勒至 5 万～7 万勒,光补偿点为 2 000 勒。三层覆盖透光率达 72%,比温室单层膜少 8%～10%,但受光时间增加 11%,作物进入光合作用温度适期增加 17%,可满足蔬菜光合作用的下限要求。4～6 月光照度达 8 万～10 万勒,三膜一苫可挡光照 20%～30%,起到遮阳降温的作用,使蔬菜在较适宜的光照度下延长生长。晋南冬季昼夜温差为 23℃～26℃,极端最低温度－15℃～－17℃,最高温度

为 22℃,室内温度可达 28℃～30℃,而蔬菜产品积累的标准昼夜温差为 17℃～18℃,三层覆盖能将昼夜温差调节到适中要求,这是晋南地区气候环境独有的两大优势。

②基本构造与保温理论依据　三膜一苫大棚按跨度 7.2 米、脊高 2.5 米做棚架,最高点偏北 1.2 米。钢架结构上弦用 Φ3.08 厘米管材,下弦用 1.5 厘米见方的钢管,上下弦距 30 厘米,W 减力筋用 12# 圆钢焊接,在下弦方管上,每隔 40 厘米打一螺丝孔,用来固定内层膜。水泥预制棚架要按跨度为 6.6 米、高为 1.9 米,最高点偏北 1 米做一个竹木结构无支柱骨架,扣第二层膜。两端各设 1 根水泥柱固定棚体,并设门以利于通风换气。

三膜一苫小棚按跨度 5.5～6 米、高 1.5 米、长 7～7.5 米、宽 6～7 厘米、厚 1 厘米的竹片做棚架,间距 1 米左右,棚内设 3 道立柱支撑。棚北边插木棍,固定棚体和北端 1.5 米高的草苫,用 7～7.5 米长、1.3 米宽、4 厘米厚的稻草苫,在棚温降到 8℃以下时早揭晚盖。11 月上旬扣外膜,11 月下旬扣内膜,12 月中旬至翌年 2 月扣小棚盖草苫,3 月下旬撤草苫与小棚。经测试,大棚内外膜中间 0.3 米形成一个隔温气囊,缓冲保温达 4℃～7℃,内棚与小棚间又有一个 0.7 米的空间,有利于减轻空气对流,可缓解和减少热能散失 5℃～8℃,小棚内几乎无空气对流现象,具有良好的保温抗寒的效果。三膜一苫在严寒季节隔绝热量外导,避免草苫被雨淋、雪湿、霜冻、风刮等损失热量的弊端。

60. 蔬菜覆盖紫光膜技术

(1)错误做法

越冬覆盖紫光膜,茄果类、豆类蔬菜植株不徒长,果实产量高。但有些菜农将紫光膜覆盖在瓜类作物上,华北地区在4月份以前产量高,长势好,但4月中旬以后因光照太强,会导致蔬菜秧蔓迅速衰败。

(2)正确做法

蔓生刀豆、矮生芸豆光饱和点为3.5万勒,光补偿点为1500勒,在光照度为5万勒的环境中也能正常结荚,超过6万勒植株衰败。茄子、辣椒、番茄光饱和点为5万~7万勒,而在6万~8万勒下能抑制叶蔓生长,促进长果;光照不足时,易落花落果。但多数品种对日照长短要求不严格,在8~10个小时日照下开花好,结果多,所以温室栽培要保证光照强度和光照时间。

冬季,太阳光谱中的紫外线只有夏季的5%~10%,白色膜、绿色膜又只能透光57%,紫光膜可透过紫外线88%。紫外线光谱可控制营养即叶蔓生长,防止植株徒长,促进根系深长,紫光膜可促进对日照要求不严格的蔬菜发育,是产品器官形成的主要光线。

越冬豆角需补充紫光,特别是茄果类蔬菜、豇豆对紫光要求较高,而紫光膜比绿色膜室温高2℃~4℃。2~4月份用紫光膜、绿色膜和白色膜覆盖,蔬菜根系分别为46.7条、35.2条和28.1条;叶面积分别为750平方厘米、480平方厘米和360平方厘米;茎长分别为5.8厘米、7.2厘米和6.7厘米。

用紫光膜覆盖茄子、番茄等,每667平方米一作可产果实10 000千克以上,2004年新绛县北古交一带种植90公顷茄子,每667平方米产12 000千克,产值高达2万~2.6万元。比覆盖白色膜、绿色膜增产30%~50%。

61. 蔬菜管理九项技术

(1) 错误做法

蔬菜对环境的要求有一定的规律,但变化幅度不大。由于自然气候的变化,要求人们采取管理措施,保持蔬菜生长环境与蔬菜生态要求相适应。但是有不少菜农,在采取措施后,不灵活管理,往往等于设置了不利于蔬菜生长的种种障碍。

(2) 正确做法

①**不固定挂反光幕** 蔬菜光合作用对光照度的要求是:下限为 2 000～9 000 勒,上限为 2.5 万～7 万勒。晋南地区 6 月 15 日后光照度为 10 万～16 万勒。有些菜农误认为光照越强产量越高,将反光幕挂在后墙上,整天甚至在蔬菜一生中都不动,致使高温期的中午造成强光化果和减产。处理方法是:瓜类、豆类、叶菜类蔬菜中午光照度超过 4 万勒,茄果类蔬菜超过 7 万勒时需撤下反光幕;5 月初根据光照度情况保留或撤掉反光幕;切忌在后墙上抹永久性的白石灰粉反光;可用黑色或白色地膜反光。

②**茎基部摘杈和僵劣果** 蔬菜植物地上、地下生长呈正相关,即幼苗期不抹芽杈,有利于生长毛细根,到结果期就应抹掉幼芽和未授粉受精的僵果,集中营养供长大果。有不少菜田植株已长到 60 多厘米高,但下部腋芽还保留 5～6 个,甚至长达 4～5 厘米也不摘除,想让植株上下同时长果,实际上这样做分散了营养,果实反而长得慢,果不正,产量低,而且延迟了采收期。处理方法是:在第一果开始膨大期,将下部侧芽及早抹去,以免消耗营养。每棵植株选留大、中、小果的比例搭配要适当。

③无头秧摘叶　由于虫伤、冻害、机械伤或肥害缺钙造成枯头，使部分植株失去生长点。很多菜农对这部分植株任其生长，不摘叶，结果原叶肥厚、僵化，新叶长期萌生不出来，错过了与其他株赶齐生长的机会，导致缺苗断垄，产量下降。处理方法是：在养好根系的前提下，将原叶全部摘掉，7～10天后可重新萌出生长点；摘叶后穴浇硫酸锌700倍液或微生物肥1次促长新枝。

④雌花早蔫补水　茄子正常的花授粉开放后花尖外翻，果瞪眼，有时花还没开放就变黄萎蔫了，很多人认为是缺水造成的，于是浇大水，不见好转，又施肥，雌花更加萎蔫，其原因是土壤浓度过大导致的蔫花症。处理办法：土壤和水源pH超过8.2，应浇大水压碱，栽前深耕降碱，地面覆膜、盖麦糠保湿，以减少蒸发量，控碱上泛；施牛粪、腐殖酸肥、微生物肥、秸秆肥解碱，不施或少施盐类化肥。

⑤通风授粉　瓜果类蔬菜不授粉不能结果。很多人认为，瓜果类蔬菜喜温，待室温高达35℃以上时才通风，结果不是脱水伤蕾落花，就是高温、高湿导致落蕾化瓜。处理办法是：温度为22℃～25℃时及早通风，除黄瓜外，任何蔬菜都可通南底风，以利于授粉坐果，坐果后再升温。

⑥摘果早可提高产量　按正常生长规律，植株上的果实应是中、青、幼结合而不是老、中、青结合。有些菜农认为，大果生长比率大，其实大果长到一定程度，形状变粗了，内含水分降低了，而且影响幼果生长。经试验，茄子每4天摘1次比每6天摘1次果数多21.4%，增产9%；比9天摘1次果数多42.3%，增产11.8%，并能减少畸形果。处理办法：能早上市的瓜果就早摘，越早越好；根果、畸形果长不大、长不好，应及早摘；幼果超过6～7个，应及早疏果。

⑦购买棚膜要注重保温性和透光性　蔬菜进行光合作用最佳的气温为25℃～28℃,前半夜为18℃～19℃。开花授粉期下半夜为12℃,果实膨大期为6℃～8℃,空气相对湿度为65%。用植物诱导剂灌根可忍耐-3℃～3℃低温。越冬茬应选保温、无滴、透光率达80%以上的紫光膜或聚氯乙烯膜。冬季夜温增加1℃,白天光照度提高10%,产量至少提高10%以上,每667平方米一茬蔬菜产值可提高2 000元左右,不少菜农购买薄膜只贪图廉价,不讲保温性和透光性,看似节约开支数十元,结果一茬蔬菜少收入几千元。越冬栽培应选用吉林省白山市喜丰塑料集团股份有限公司生产的聚氯乙烯0.1～0.12毫米无滴膜,该膜增产效果显著。早春、延秋1年2茬栽培可用0.07～0.08毫米聚乙烯三层复合绿色无滴膜,既节支又耐用。

⑧控叶蔓产量高　表面上看,水足、温高、氮肥足;叶蔓生长旺,田间长势好;坐果生长快,果壮;其实,这种外强内虚的植株态势,远不如矮化、生长稳健的植株总产量高。苗期控水困秧促长深根;栽后控温,空气相对湿度控制在50%～65%,控氮、蹲苗控蔓促长果,可提高产量25%以上;灌施植物基因表达诱导剂,矮化植株,提高光合强度和产量,不用矮壮素等抑制光合作用和影响作物正常生长的矮化剂控秧。

⑨设固定遮阳网　蔬菜秧主要败在根腐死秧上,但植株主要衰在光照强度上,所以6～8月进行遮阳管理可提高产量34%以上。多数用遮阳网覆盖菜秧的菜农,是采用固定形式装备,光强时起到遮阳、降温和增产的作用。但早上和下午,甚至连阴天也不撤遮阳网,结果造成植株争光徒长,导致投入产出比小或增幅不大。正确的做法:将遮阳网安装成滑动式;及时遮阳或揭开,才能提高品质,增加产量。

62. 有机蔬菜的防病技术要点

(1) 错误做法

目前,不少科技工作者错误认为,有机蔬菜生产不准用化学农药和肥料,病虫害必然难以防治,蔬菜从产量和质量上均无保证。不知道生物界的物质均有相克相依作用,不善于研究生物、生态营养增产防病物质。许多农民在操作上往往顾此失彼或难以把握,多注重于施含氮、磷多的粪肥,而且用量较大;对由于粪害或土壤浓度大引起的病害,又往往错误地按病害去防治。不善于用生物、生态物质去防治,只注重施用高效农药等。殊不知,铜、硅即硫酸铜、草木灰等可避虫抑制真菌、细菌病害;用生物制剂——植物诱导剂喷洒番茄、西葫芦不会染病毒病,特别是在夏秋季高温、干旱、有虫害时,其抑制蔬菜病毒病的效果十分显著。

本人总结的有机蔬菜生产 4 要素即有机碳素肥+EM 生物菌+植物诱导剂+钾,既可降低成本,又能抑菌防病,还符合有机食品要求。

(2) 正确做法

科技人员和农民应站在营养平衡、环境平衡角度,去认识作物栽培,使之健壮生长,在管理操作上能举一反三,用简约驾驭复杂。如先考虑如何改变生态环境,利用天然物如光照、温度、气体、湿度和密植等,使作物正常和低投入生长,不花钱或少花钱就能使作物无病害、不缺素地生长。再考虑如何在某种蔬菜上,按生育规律所需、按比例投入营养,着重利用有益生物菌如 EM、CM、生物菌等分解、保护、平衡土壤和植物营养,可吸收空气中的二氧化碳(含量 300 毫克/千克)、氮(含量 71.3%),分解土壤中的磷、钙等物质。对这些自然营养元素加以挖掘利用,可减少投肥 70% 左右。干秸秆中含碳 45%,用生物菌肥拌和、分解后,25% 有机质碳化物营养分解的二氧化碳,通过光合作用产生新植物及果实,75% 碳水化合物即碳、氢、氧、氮直接通过暗化反应组装到新生植物体上,每千克可供产鲜茎果 10 千克左右,在节约开支、防病增产上效果显著,而且持效期长。

譬如,让植物根系发达,就能提高吸收和调节营养的能力,抗逆性就能增强。在黄瓜、番茄、茄子等蔬菜上用植物诱导剂灌根一次,根系能增加 70%,光合强度提高 0.5～4 倍,营养能及时调节平衡,作物在生长过程中几乎就不会染病。又如,用稀土微量元素制剂——植物传导素做叶面喷施后,能打破顶端生长优势,使作物由纵长向横长转变,以控秧促壮,修复生长缺素引起的生理缺陷和薄弱部位,使作物向着增加产品的方向生长;而锌营养又能使作物纵向生长,使根尖和生长点伸长;在有机粪肥充足和生物制剂到位的情况下,可不考虑补充镁、铁、钙、硫、硼等中、微量元素,就能满足作物生长的需要;氮、磷大量元素可少量补充;钾按含氧化钾 45%,100 千克产果实 5 700 千克计算,但每次投入不超过 24 千克即为合理施肥。每千克纯钾可产果实 170 千克,每千克五氧化二磷能供产蔬菜 660 千克之需,每千克氮可供产蔬菜 380 千克之需,其施用量不宜过大,否则伤秧和污染环境。铜、锰可使植物皮层增厚,防止病菌侵入和避虫;补钾、硼可防止植物茎秆和果实空洞以及化瓜化果而引起真菌性病害。补充锌、钼、铜、硅可防治干旱引起的作物脱水和因生长点及根尖生长停滞引起的矮化以及虫害,防止病毒从伤口侵入。高、低温期补钙能防止脐腐病、干烧心;补氯能使蔬菜纤维化和抗虫抗病等。同时注意防止施肥量过大或某种营养素过多而引起的植物体反渗透而伤秧和灼伤根系而死蔓等。因此,抓好营养平衡,就能从根本上防止病害。在实际操作中注重施有机质粪肥和有益生物菌剂,即可把握营养素平衡问题,使蔬菜健康生长和持续高产。

63. CM 菌的施用

(1)错误做法

施用 CM 菌,一是不与有机碳素粪肥结合效果差;二是不与土壤、水分结合,有益菌繁殖率低;三是喷雾前不清洗器具,残留的农药杀灭和抑制有益菌;四是购回的有益菌不在 21℃～28℃环境中存放 2～3 天就用,菌活力弱。

(2)正确做法

作物靠光合作用才能生成产品的观念已成为过时的片面认识。75% 的动、植物残体及碳氢化合物在 CM 菌的作用下,通过暗化反应直接转化组装到新植物体上,成本低,产量高。如食用菌类的生长和发育,光合作用只占 25%,暗化作用积累营养占 75%。新鲜植物含水分 95% 左右,10 千克鲜秸秆可产 1 千克干秸秆,含碳 45%;反过来,1 千克干秸秆又可转化生长 10 千克鲜叶菜或 5～6 千克瓜果菜。这么简单的道理被近代化学工业的进步所淹没、冲淡和忽略,不能说不是有机农业发展史上的一大缺憾。CM 菌分解并保护有机质碳素、吸收空气中的氮(含量 71.3%)和二氧化碳(含量为 300 毫克/千克),只要施入 CM 菌肥,就可满足作物对 70% 氮、磷的需求。每千克纯钾可产果实 122 千克,修复素能控秧促果,使植株由纵长向横长生长,使营养由长秧向长果转换。

施 CM 菌肥可直接将有机肥分解成碳、氢、氧、氮,不用通过光合作用,就可直接进入植物体内,比叶片光合作用制造的蔬菜高3倍。因CM菌有固氮、解磷、释钙作用,施CM菌肥的田块能节约施氮、磷肥70%,或不用施氮、磷肥就能获得高产优质。CM菌占领土壤生态位,可平衡土壤和植物营养,使植物健壮生长,好管理;可分解和保护有机肥中的营养,使有机肥不浪费、不烧根,并能控病抑虫,解除肥害,使有害病菌降低90%,可增根50%,使植物具有超强的抗病能力。

山西省侯马市东台张文河2005年在温室越冬黄瓜上每667平方米地施CM菌肥50千克,用亿安神力菌500倍液喷施或冲施,结果黄瓜一生无病害,瓜条长得又直、又绿、又长,比对照增产2400千克。仅投入90元,增收2000元。

新绛县北张镇南燕村郝俊俊、杨德全2005年11月份在番茄地用CM菌肥做基肥,每667平方米施CM菌肥125千克,结果番茄一生无病害,很少用杀菌剂,且无死苗现象。500平方米纯收入13000元,比上年增收2700元。投入增产比为1∶13.5。

64. 绿色蔬菜细菌性病害防治技术

(1)错误做法

生产绿色蔬菜禁止施用残毒超标的农药品种,并对土壤、空气、水分等作出无害化的要求。但不少农民习惯于发现蔬菜病害后,就不顾农药毒性大小和残毒是否超标,只要能杀虫的药就喷。

(2)正确做法

①增强生态环境意识,树立生产优质蔬菜的新观念　在生物界不采取措施控制病虫害,会失衡成灾,但乱用药、频用药、多用药同样也会造成生态环境和生理不平衡。因此,创建良好的生态园艺设施,采取栽培措施和物理防治、生物防治方

法防治病虫害,是绿色蔬菜生产的发展方向。蔬菜病害是由于缺素引起的,而缺素又是由于肥、水、气、温、光生态环境不适应而引起的。如果蔬菜生存环境平衡,植物就不会发病。在生态温室内生产各种蔬菜,很好管理,容易获得优质高产的产品。这就是蔬菜生态平衡高产优质生产的新观念和新思路。

②改变"以防为主、盲目用药"的旧观念 不论是从生物平衡、生态平衡方面看,还是从食品保健角度、现代防病治虫技术手段来说,过去传统的依靠化学农药实施"以防为主"的做法不可取。生物界没有一种植物是不受化学药害的,没有一种蔬菜用药越多越健康而高产的,也没有任何一种生物不产生抗药性。所以,应该是不见害虫不用药,见了害虫准确用药。在害虫蛾卵期用准药,在有病虫之处药要用到,使病虫一次受到控制。除虫应选用具有辐射连锁杀虫效果的药,如生物制剂和可使虫体钙化而失去繁殖能力的药物。

③改变传统管理中用药勤、病害轻的观念 蔬菜在适温中生长,与病菌、细菌生存环境大致一样。叶面上喷洒化学农药,只是暂时的杀菌抑菌,用化学农药后会将叶片的保护层蜡质破坏,干扰体内抗生素合成,使植物免疫力下降。经检测,喷药 10 小时后,细菌、真菌比用药前繁殖速度增强 1 000 余倍,这就是用药越频、病害越难控制的原因。

④确立有机蔬菜防病用药新观念 首先,应站在植物保健即保障各种营养供应平衡的立场上防病。目前,蔬菜病多难治的主要原因是肥害缺素和药害失衡造成的生理障碍,导致植物体衰败、坏腐而染病。如病毒病系氮、磷过多引起的锌吸收障害症,有机肥施用少引起的缺硅、钼障害症;真菌性病害是缺钾、缺硼引起的病害;细菌性病害是缺铜、缺钙引起的

— 155 —

病害。施肥的效果不在于用量大,而在于营养齐全,各种营养平衡就不会发生病害。有时补充了营养还有病,是补充过多造成的障害,也是营养不平衡造成的。其次,要站在栽培措施的立场上防病。可用防虫网等机械物理办法防虫害;用灭虫降温防治病毒病;用降湿、通风、透光、稀植、整枝、疏叶防治植株细菌、真菌病害;用改良土壤方法,如在黏土中掺沙,在沙土中重施有机肥,在盐渍土壤中施牛粪、腐殖酸、秸秆肥降低浓度,在酸性土壤中施石灰,在碱性土壤中施石膏,在未腐熟有机肥中施菌肥等办法,提高土壤含氧量,促进根系发达和吸收能力,可防止根系出现反渗透而染病。真菌、细菌大量繁衍温度为 15℃~20℃,缩短这段温度,便可抑制病害的发生和蔓延。最后,严格选用农药。一是选用含微量元素的农药,如高锰酸钾含锰和钾,防真菌、细菌病害的效果优于多菌灵、敌克松、五氯硝基苯、托布津等;防治病毒病的效果又优于病毒 A、菌毒清等,不仅能杀菌、消毒,而且常用量对人体无害。再如铜制品,不仅能杀菌,而且能补铜,增加抗病性,还可刺激作物生长;锌制剂能促生植物生长素,促长防病,常规用量对人体有利。二是选用生物制剂,以有益菌克有害菌,使病害受到抑制,还可平衡植物和土壤营养,增强抗病性。经常施用生物制剂,病害不会大蔓延,而且产量高,品质好。

65. 蔬菜土传菌病害防治技术

(1) 错误做法　许多菜农认为死秧是病害引起的,总想用高效化学农药将土壤中的病菌消灭干净。结果往往是花钱多效果差甚至无效。如番茄青枯病是细菌趁植物根茎虚伤而侵入的一种土传病害,对蔬菜栽培成败威胁甚大。目前,多数研究者将注意力集中在寻找特效杀菌剂上来防治青枯病,而忽视按照植物生理要求和生态环境要素进行管理来防病。

（2）**正确做法**　土传病害是由于土壤营养不平衡，抑制了有益菌的繁育，促长了腐败菌的生长而引起的。必须从有益菌着手，让其占领生态位，这样土传菌自然就消失了，蔬菜也就好管理了。笔者通过田间调查和生产实践，总结出"植物病害源于缺素，培育深根植物可增强吸收和协调能力而抗病"；"先有弱伤部位，后招致病菌侵染，以及培育生理平衡植株和利用生态要素管理，来达到保健防病和高产"的经验，经生产实践检验，效果显著，保苗率可达 100%。

影响蔬菜生育失衡的环境因素是盐、粪、土、氧、水、温、虫等，生理失衡是地上部和地下部不协调；引起病害侵染的主要原因是植物脱水与缺素。如番茄青枯病（又称凋萎症和死秧）系生理缺铜、钙、硼所致，尤以盛果期为重，因这时地上部蒸腾量大，植物易脱水。该病发病初期，心叶变软，整株叶片变黄，萎蔫下垂，继而变褐或脱落，叶缘内卷干焦，茎秆维管束褪白变褐。

蔬菜是耐盐耐高温作物，但脱水缺乏氧、铜、钙和硼是引起生理失衡而使根茎皮腐和枝秆干枯、褐变而染病的主要原因。在栽培管理上要注意抓好以下两大措施。

一是抓根茎平衡防死秧。蔬菜根系较发达，再生力强，结果期地上部植株庞大，会引起地上、地下生长不平衡而脱水缺素，然后皮腐招菌。其预防办法是：苗期管理以控水和切方移位，蹲苗、囤苗，以促进长深根为工作重点，为以后植株增大的需水量打下良好的吸收基础，促使根系壮大，控制地上部植株生长。床土配制宜用腐熟牛粪 3 份和少许腐殖酸肥和磷酸二氢钾，保证土壤疏松，使根系能伸长；分苗时喷 1 次植物诱导剂 700 倍液，叶面喷 1 次络铵铜，以增强作物的抗病性，培育多根、粗根、长根的健壮苗。

二是抓生态环境平衡防死秧。盐害、粪害、沙土、缺氧、水害、温害、虫害均可导致植物脱水,根茎皮腐而感染青枯病。

盐害:蔬菜系耐盐碱作物,适宜 pH 为 7～8,土壤浓度 4 000～6 000 毫克/千克,超过此浓度植株就会出现反渗透而脱水,感染青枯病菌,引起皮腐茎褐而死秧。预防办法:盐碱地注重施牛粪、腐殖酸肥解盐,每 667 平方米施石膏 80 千克降碱。控制化肥和高效有机肥施入量,浇大水,追施生物菌肥和锌素促长。

粪害:将未腐熟的鸡粪块施入田间,作物根系会被灼伤褐腐引起植株脱水染病死秧,继而随水流淌传染。预防办法:粪肥要充分腐熟并过筛,在两行苗间沟施,穴施宜深,并与土拌匀。

沙土:土壤过沙会跑水跑肥,水分、营养供应不平衡,遇高温或低温会脱水缺素,致使根茎皱缩,感染病菌。预防办法:增施有机肥,高温期注意降温,低温期勿缺水、受冻,施肥时实行少量多次;注重在叶面补充铜、钙、硼营养素。

缺氧:耕作层底土硬,含氧量达不到 19%,不仅会造成大量元素钾吸收障碍,使果实个小质劣,而且因根浅会在高温期使植株脱水萎蔫,灼伤根茎而感染病害死秧。预防办法:深耕土壤 35 厘米,增施有机肥。

水害:蔬菜喜水,但土壤长期积水,植物根系会因缺氧沤根染病,产生中心病株。预防办法:整平土地,起垄定植,田间浇水后以 30 分钟渗下为度,耕作层以达到 20 厘米以下为度,黏土拌沙,及时破除板结,利于通气。

温害:高温是引起植株脱水缺素的主要原因,低温缺水也会冻伤根茎,从而引起钙、铜、硼移动性降低,引起枝秆缺素而皱缩、干枯,使病菌从皱缩处侵入。预防办法:在高温期注意遮阳降温,低温期勿缺水受冻,叶面补充钙、铜、硼素营养。

虫害:地下害虫咬伤根系和地面茎,使植株水分、养分供应失衡,土传病菌可从伤口侵入,使植株染病枯死。预防办法:每 667 平方米粪中拌 1 千克敌百虫防虫。将虫害秧及早拔除,以防腐败感病传染。并在伤秧死秧穴处撒石灰消毒,轻度伤口抹铜制品消毒愈合,慎防根部灌药浓度过大造成反渗透脱水死秧。

66. 蔬菜真菌性病害防治技术

(1)错误做法

保护地内温、湿度可以人为控制,封闭后又便于高温或烟雾熏蒸灭菌杀虫,防病治虫十分便利,效果亦佳。但必须按照蔬菜的生物学特性和当时的生态环境,灵活掌握用药品种、时间、浓度和方法,才能达到既控制病虫害、省药,又使蔬菜产量达到最高额的目的。目前,很多群众对真菌性病害的防治仍然多是施用高效杀菌剂,这种错误的做法应该纠正。

(2)正确做法

①按植株代谢规律喷药 蔬菜作物的代谢规律须有一定的温度配合,才能按时完成。全天光合产物的 70% 是上午合成的,须配合较高温度(25℃～35℃);下午光合作用速度下降,养分在输送运转,温度与消耗以低为宜,应比上午低 5℃;前半夜光合产物将全部转到根基部,重新分配到茎生长点和果实,运送养分须配合适中的温度(18℃左右);如果运送不顺利,光合产物停留在叶子上,叶子便会过于肥大,果实产量下降;后半夜作物才休息,生理活动是呼吸,这是一个消耗养分的过程,温度宜低些,养分消耗减少,有利于提高产量。蔬菜

授粉受精期最低保持 13℃,果实膨大期可再低些。药物对作物劳作(光合作用及营养运输)有抑制和破坏作用,所以在晴天中午光合作用旺盛期和前半夜营养运输旺盛期尽可能少用药或不用药。

②按发病规律用药 施药前要正确诊断已发病害或可能发生的病害,勿将非侵染性病害误为侵染性病害;勿将生理性病害当作非生理性病害防治。如因前半夜夜温过低,在中下部光合作用旺盛的叶片上,因"仓库"暴满光合产物不能运走,而使叶片增厚老化,出现生理障碍,叶片上出现圆形凹凸点,如同癞蛤蟆身上的点子,打药无济于事。再如蔬菜生长点萎缩,中部叶缘发黄是缺水引起的非侵染性生理症,与细菌、真菌、病毒无关,打药自然无效。治虫时,先把为害蔬菜的某种主要害虫认定,然后选择专一性配广谱杀虫剂,进行有针对性的综合防治,切勿图省事,将不能混用的农药胡乱配合,切忌用杀虫剂治病;勿用防病药去灭虫。细菌性病害发病环境是高湿低温,有病原菌;真菌性病害发病环境是高湿适温(15℃~21℃),有病原菌;病毒性病害是在高温干旱环境,多是由蚜虫传毒才发病。人为地控制一二个发病条件均可减轻和防止病害发生。如无发病条件,但作物有类似症状,则可能是其他生理障碍因素。所以,施药前必须辨清病虫害的特征和防治对象、性质,做到对症下药。

③按作物生长规律用药 种子均在植株衰老时成熟采收,多带有菌源,播种前宜用热水浸泡拌药消毒。幼苗期高湿高温为染病环境,加之保护地内连年种菜,室内土壤杂菌多,播前必须进行消毒。早春定植后多因低温高湿以防治细菌性病害为主;高秆蔓生作物中后期通风不良,多高湿、温度适宜,应以防治真菌性病害为主;夏季育苗或延秋栽培,多高温、干

— 160 —

旱,应以防治病毒病为主,防治病毒病又以治虫为主。目前,蔬菜生产上以防治青枯病、防止氮多死秧和斑潜蝇、白粉虱为主。

④按药效适量用药 防病农药多是保护性药剂,要以防为主,应在病害发生前或刚刚发病时施药。灭虫农药在扣棚后定植前或沤制粪肥期施用,以消灭保护地内的地下害虫。蔬菜生长期用毒性较大的杀虫剂易造成药害,毒性小且用量少效果差;地上部害虫在羽化期和着果前使用,大龄害虫抗药性强,也有一定的回避能力,防效差。比如防治钻心虫,如施药过晚,虫已钻入果实,就很难消灭。配药前,先看准农药有效期,对新出厂的农药,可最大限度对水;临近失效期的农药,以最低限度对水,浓度不要过大。如普力克、乙磷铝等浓度大效果反而差,既浪费药剂,又易烧伤植株。另外,要把农药含有效成分的型号认准,勿把含有效成分 80% 的农药误按 40% 的浓度配制溶液而喷洒,也不要把含量 5% 农药当作含量 50% 的对水施用。农药以单一品种施用较为适宜,混用的农药用量减半,且以内吸性和触杀性混用为好。

⑤按温、湿度大小适时施药 保护地内温度高低悬殊,湿度大。施药时,温度应掌握在 20℃ 左右,叶片无露水时进行,因为药液易着叶片,水分迅速蒸发后,药液形成药膜,治病效果好,维持时间长。梅雨、连阴天或刚浇水后,勿在下午或傍晚喷雾,因此期作物叶子"吐水"多,吐水占露水 75% 左右,易冲洗药液而失效,此期可以施用粉尘剂或烟雾剂。高温季节(温度超过 30℃)不用药,否则叶片易受害老化。高温、干燥、苗弱时,用药浓度宜低。一般感病或发生病害,间隔 6～7 天喷 1 次,应连喷 2 次。阴雨天只要室温在 20℃ 以上,就可喷雾防治。喷雾后,结合施烟雾剂效果更好。一般喷雾以喷叶背面着药为主,钙化老叶少喷,以喷中小新叶为主。喷雾量以

叶面着药为准,勿过量而使叶上流液,既浪费药,效果又差。个别株感病以涂抹病处为宜。病害严重时,应以喷、熏结合(先喷雾,再喷施粉尘剂或燃放烟雾剂)。在防病上,以降温排湿为主,尽量减少喷药用量和次数,既达到控制保护地内病虫害的发生和危害,又能节约用药量,生产出有机蔬菜。番茄浇水过大过频,氮多,夜温高,叶子过大,是发病的主要原因。管理上,一是不特别干旱不浇水,每次浇水时冲入 45％硫酸钾28 千克;二是定植时根部灌一次诱导剂增根,促进光合强度,控叶蔓徒长;三是病发后,疏叶通风排湿,喷洒硫酸铜拌碳铵300 倍液防治。

67. 蔬菜病毒病与茶黄螨防治技术

(1)错误做法

蔬菜病毒病,尤其是条斑型病毒病与茶黄螨的为害症状十分相似,不少菜农分辨不清,常常将茶黄螨的为害症状误认为病毒病去防治,结果造成用药不当,延误了最佳防治期,以致造成大面积减产。

(2)正确做法

①病毒病

症状:常见病叶呈现浓绿与淡绿相间的花叶,皱缩。叶片畸形,初期由心叶叶脉褪绿,逐渐变为花叶皱缩,以后病叶增厚,叶缘向上卷曲呈漏斗状。幼叶狭窄或出现线状叶。后期植株上部明显呈丛簇状,叶片发硬、发脆,节间缩短,植株矮化,重病果出现深绿和浅绿相间的花斑,有疣状突起。条斑型,叶片主脉呈褐色或黑色坏死,逐渐扩展到侧枝;主茎及生长点造成落花、落叶、落果,以致整株枯死。

防治方法:一是选用抗病品种。二是种子消毒。用 10％

磷酸三钠溶液浸种 20 分钟,清水洗净后再进行浸种催芽。三是栽培管理。采用塑料薄膜覆盖栽培,使其早定植、早结果,进入病毒盛发期时,蔬菜植株已长得很健壮、根系发达、抗病力增强。及时防治害虫。四是药剂防治。喷洒 20％病毒 A 可湿性粉剂 500 倍液。在病毒病易发生发展前,用植物诱导剂 2 000 倍液喷洒叶面 1 次,蔬菜基本不染病毒病。五是定植时施锌、锰营养素,以增强其抗病毒能力。用牛奶 170 克、鱼鳃 150 克捣烂漫出液对水 50 升,或锌、钼、硅营养元素 700 倍液喷洒植物叶面,可防治病毒病。

②茶黄螨

茶黄螨症状:成螨和幼螨多集聚在幼嫩的新叶叶背、嫩茎、花蕾等部位刺吸汁液,致使受害叶片背面呈现褐色或黄褐色油浸状光泽,叶缘向背面卷曲,呈下扣斗状。花蕾和幼果受害,则不开花或开畸形花,严重者不能坐果(似条斑型病毒病症状);果实受害,果柄及萼片表面呈灰白色至灰褐色,丧失光泽,木栓化。受害严重时落叶、落花、落果,造成大面积减产。

防治方法:一是营养防虫,幼苗期叶面喷施硅、铜制剂驱虫;二是用 15％达螨酮乳油 3 000 倍液,或 48％乐斯本 1 000 倍液,或炔螨特 3 000 倍液,或 1.8％阿维菌素(齐螨素、新科等)3 000 倍液喷雾。禁用三氯杀螨醇。

68. 生理性病害防治技术

(1)错误做法

不少菜农不明白病毒病发生感染是由于高温、干旱、有虫伤、缺锌等综合因素所致,往往将缺钙、缺锌、缺硼等引起的生理症状当作病毒病防治,结果劳民伤财,防治效果不佳。

(2)正确做法

蔬菜是否感染病毒病,首先要考虑幼苗期和生长期是否处在高温、干旱期、虫害期,土壤是否因缺有机碳而缺锌(碳肥中含有锌),如果不具备以上四个条件,那就应该按生理病害防治。在冬季,如果蔬菜生长点萎缩,叶脉皱曲、空秆,则是低温缺硼症;新叶皱缩、干枯、干烧缘,则是低温缺钙症;整株萎缩,则可能是根小或虫伤根;磷多僵秧,土壤浓度大引起植株矮化,不能按病毒病去防治。对生理病害,叶面上喷硼、锌、钙或在田间浇施生物菌肥、硫酸锌,以平衡土壤和植物营养,就可解除病症。

华北地区在冬季、早春培育的幼苗,一般也不会感染病毒病,如有叶秆皱缩,应考虑是药害中毒,特别是2,4-D中毒。在春末、夏、秋环境条件下,则可能有病毒病的发生和发展,如有虫害,叶面上喷铜营养液或植物传导素愈合虫伤口,也可防治病毒病。

69. 蔬菜生理性病害化瓜烂果防治技术

(1)错误做法

长果实的营养素主要是碳、钾、硼三种元素,其次是温度和光照的作用。很多科研人员都只注重某种病菌的繁殖及其侵害过程的研究,殊不知,营养素是否平衡决定瓜果生长快慢、大小和染病腐烂程度。传统的生理性病害防治理论和技术,多是引导农民在蔬菜染病后采用化学农药防治,而不大重视施用营养素进行保健管理。

(2)正确做法

对瓜果类蔬菜染病,致使瓜果腐烂,先不要考虑是哪一种菌引起的,而应从平衡和补充营养角度找原因,采取措施做到环境平衡、营养平衡,促使植物生长健壮,免疫力强,杂菌就不会侵染;无腐败和虚弱寄主,病菌就不能繁殖生息。如生态环境不适宜作物生长发育,营养失衡,促长瓜果的元素缺位,促长叶片的元素偏多,就会引起营养生长偏旺,抑制生殖生长,导致叶旺、透光透气性差、花蕾难以膨大和授粉受精,就会化瓜;果实无充足的营养供给而自然萎缩,久之则软化,继而杂菌侵入。所以,用环境平衡和营养平衡的做法,提高蔬菜的免疫力,才是防治生理性病害的根本和关键。

70. 连阴雨天防止番茄弱蕾无果花序技术

(1) 错误做法

番茄生长中遇到阴雨天是常有的事,短时间阴雨可不管它,但连阴天超过三四天甚至一二十天,不少菜农有坐等天晴的习惯,而不及时采取措施,造成 2～4 穗花序弱化、蕾小、不能授粉受精而脱落,导致产量降低 30%～70%。

(2) 正确做法

植物生长最活跃的部位是花序,其次是生长点及根尖,如环境不平衡极易造成营养生长过旺而抑制生殖生长,即弱蕾落花。对此问题的处理办法:一是遇到连阴雨两天之后,在可能出现的短时间气温为 20℃ 以上时,叶面喷植物诱导剂或植物传导素,控制植物生长高度,防止弱光下植株徒长,造成弱小花序;提高叶片的光合强度,修复因气候引起的植物缺素症。可喷施 EM、CM 生物菌液,平衡植物营养,防止植物体虚脱、落花、落蕾。二是已造成一穗花序空果时,可在上下两穗花序上多留 1～2 果,即共留 4～5 果,对产量影响不大;如出现两穗空果时,要将这两穗空果中间叶片全部剪掉,让其在叶腋处抽生侧枝,待侧枝长出 1～2 个花序时打顶,可利用此空间弥补损失;如果出现了3穗以上无果花序,那就在第一花序处下剪,将以上茎秆剪掉,在下剪的下叶中选1枝代替柱头生长,因这时的番茄根系较发达,很快就会长出新枝新穗而着蕾坐果。这样做虽然收获期稍迟一点,但总产量不减,而且果实长得丰满均匀。三是在番茄的栽培管理上要十分注意幼苗期切方移位囤苗,定植后控水蹲秧,保持地面干燥管理,保证根系发达,提高调节和抗逆能力。注重基施牛粪或秸秆肥和生物菌肥,开花授粉期喷施锌、硼素,结果期施钾、磷素和壮蕾膨果营养素。

71. 西葫芦开花不结瓜防治技术

(1)错误做法

不少菜农认为,西葫芦与黄瓜都是瓜类作物,管理方法一样。其实不然,西葫芦结果期不需要高温高湿,而黄瓜根对土壤浓度有回避能力,对温度调节能力较强,可控氮控叶,幼瓜不授粉也能长成大瓜,而西葫芦在高湿高温下不能授粉就化瓜。

(2)正确做法

一是西葫芦雄花多雌花少的原因是高温(25℃以上)、强光(6万勒以上)和长日照(12小时左右)造成的。处理方法:创造低温弱光短日照环境,即结瓜期白天气温控制在20℃～24℃,下半夜在8℃～10℃;光照控制在2万～4.5万勒,日照时间控制在7～8小时,几天后便会果实累累。

二是西葫芦秧子旺但不结瓜的原因是氮足、夜温高、缺钾碳。处理方法:每千克碳可供产鲜蔓、瓜各10千克,按瓜果占50%,土壤中碳素缓冲量占1倍左右,需施碳素1 660千克,施含碳25%左右的湿秸秆堆肥、牛马粪5 000千克或含碳45%的干秸秆3 000千克,含碳1 350千克左右。鸡粪1 000

千克,含碳 250 千克,两者合计含碳 1 500 千克,碳缺 160 千克,需补含碳 50%的腐殖酸肥 300 千克,或分 4 次冲入人粪尿(含碳 8%)2 000 千克。生物钾多施 30%也有增产幅度,结瓜期可分 2 次补施 45%生物钾 50 千克,固体 EM 地力旺菌肥 10 千克,EM 地力旺菌肥液体 6 千克,解钾释磷。

三是定植后植株从根部向上叶片黄化落叶的原因是土壤浓度过大。根系所需的土壤正常浓度为 4 000 毫克/千克,超过7 000毫克/千克就会短时间出现反渗透而使植株枯萎落叶,超过9 000毫克/千克,就会沤根死秧,就像将秧苗根泡在咸菜缸里一样,轻度时个别植株从地面茎处萎缩至死,重度时整根变黄变褐枯死。处理办法:少施含氮、磷高的鸡粪和化肥;定植时灌 1 次植物诱导剂,增加根系数目,提高协调能力;冲施 EM 或 CM 生物菌减肥,平衡土壤和植物营养,这样西葫芦既好管理又能增产;西葫芦有先长雌花后长雄花的习性,应提前 5 天播 5%的种子,用这部分植株的雄花粉给 95%的植株上的第一个雌花授粉,就能控秧长瓜。

72. 茄果类蔬菜僵果防治技术

(1)错误做法

对茄果类蔬菜不注重施碳素有机肥,或栽植过浅使根系受冻,冬前缺水。茄子在生长过程中,由于受低温、干旱等不良生态环境条件的影响,引起营养供应失调,形成僵果、畸形果,导致越冬期减产 30%以上。

(2)正确做法

①僵果症状 僵果又叫石果,为单性果或雌性果。僵果呈大柿饼状,果实直径为 5~8 厘米,厚 2.5~4 厘米,脐深 0.5~1 厘米。单果重 100~200 克。肉质硬密,食味差,皮色

暗紫,有白花纹。果实不丰满,无籽,老熟空心。商品性状差,环境适宜后僵果也不发育。

②发生原因　僵果主要发生在授粉受精期,即定植后35~60天。植株受干旱、温度(最低气温12.8℃,土壤温度在16℃以下)的影响,花蕾内雌蕊柱头由于营养供应失衡而形成短柱头花,雄蕊花粉不能正常散发,或是雄蕊花粉不饱满,不能正常发芽形成花粉管。雌蕊不能正常受精,而长成单性果,有的单性结实率可达75%以上,但果实长不大。单性果缺乏生长刺激素,影响对碳、锌、硼、钾等果实膨大元素的吸收,故果实不膨大,久之成为僵化果。

③发生因素　越冬茄子在结果期正值寒冷季节,山西省12月至翌年4月,温室内白天气温高达35℃~40℃,下半夜却只有8℃~12℃,易发生僵果。其主要因素:一是温度低。茄子在30℃以内,白天温度越高,生育越旺,花蕾壮,发育快,锻炼好的植株花蕾在38℃时也能受精坐果;未锻炼好的植株突然遇上30℃以上的高温会引起缺素,形成短柱头花而成僵茄。二是光照弱。茄子喜光,在4万~6万勒光照度下,茄子生长活跃,育苗期也要求强光。在低温弱光期育出的苗,产量、长势均差。三是根系浅。因茄子秧吸收养分和水分量小,苗期干燥,弱光低温,苗龄长,根系少,主根浅,定植过浅使根受冻,易形成僵果。四是缺素。生长环境不良首先引起缺素。如碳、锌、钾、硼供应失衡,加之缺碳、药害、肥害、病害、虫害,均会引起阶段性缺素而成僵果。

④预防办法　一是越冬茄子育苗期在不徒长的前提下,保证光照、高温和充足的水分,床土配足腐熟牛粪30%左右。二是分苗时用EM地力旺菌浇灌,以平衡植株营养,浇施硫酸锌1 000倍液,促扎深根,叶面喷络铵铜300倍液防

病促长。三是定植宜刨沟栽 2 厘米深,栽后培土起垄。每 667 平方米穴施或沟施鸡粪、牛粪各 2 500 千克,保证土壤碳、氮比达 30∶1,越冬土温高,含氧量亦多。四是选用聚乙烯紫光膜,增加冬季室内紫外线光谱透光率,室温可提高 2℃~3℃,控秧促根。五是冬至前后在草苫外覆盖一层塑料膜保温,使白天温度控制在 27℃~30℃,前半夜在18℃~20℃,下半夜在 13℃~15℃。六是低温期叶面补充硫酸锌 700 倍液和硼砂1 000倍液,以保证柱头伸出和花蕾受精所需的养分。七是及时摘取僵老果,避免与上层果争夺营养,以利于减少僵果。

73. 早熟春甘蓝未熟抽薹防治技术

越冬和早春覆盖栽培甘蓝,防止抽薹开花是取得栽培成功的关键。因此,应围绕预防抽薹开花进行早熟高产管理。

(1)错误做法

盲目追求早下种,多施氮肥,苗期保温管理,营养体大,认为这样就能早上市,产量高。

(2)正确做法

①种子在低温下萌芽不抽薹 甘蓝种子在含水量为 11%~13%时,置于 0℃~8℃低温处冷冻 80 天,通过了春化阶段,所植甘蓝就不会抽薹。

②幼苗在适温下管理防抽薹 当早熟甘蓝幼苗具 5~6 片叶,叶片直径达 5 厘米,径粗为 0.6 厘米时,在 1℃~10℃ 环境中经 3~5 天通过春化阶段发育,春化阶段时间愈长,抽薹开花愈快,25~65 天内便会抽薹开花,而不结球。所以,生产上当幼苗达一定大小时,必须将室温控制在 12℃~20℃,既促进同化面积扩大和营养积累,又可使顶端花芽生长不分

化,没有春化就不会抽薹。通过春化的甘蓝特征是:顶端圆锥体凸起,继而茎锥上形成裂叶片和嫩枝。夏季甘蓝不通过低温春化,所以也不会抽薹。

③已春化的甘蓝植株在低温下生长不抽薹 通过春化阶段发育的植株,在花蕾还没有发育出来前,将室温控制在15℃以下,让其缓慢生长达到积温而抱合成叶球,花茎叶不会抽出。如果室温在20℃以上,花蕾着生后25天植株就抽薹了。

④弱光短日照防抽薹 在春化阶段期,创造低温(掌握在13℃～20℃)、弱光(2万～3万勒)、短日照(每天光照6～8小时)条件,控制甘蓝抽薹开花。

⑤少氮弱苗不抽薹 植株在糖的参与下实现春化抽薹开花,弱苗单糖含量低,缺氮植株糖供应不足,从营养生长状态难以过渡到达生殖生长,芽的分化延迟后,可防止早期未熟抽薹。所以,甘蓝苗期无须在叶面上补氮、氨基酸、蛋白质、糖等物质以壮秧。

⑥深根稀植防抽薹 早熟甘蓝根群主要分布在30～60厘米的深土层中,个别深根达1米,宽70厘米,数目达50根左右。深根可御寒,平衡营养,抑制地上部生长,达到控秧抑制抽薹的效果。实行稀植,单位面积植株叶面积少,叶不纵长,根系发达,环境冷凉,可平缓转移生长期,提高叶子净增值率,从而达到控制抽薹开花的效果。

⑦短光波抑制抽薹 甘蓝叶球抱合最适温度为14℃～18℃;开花抽薹最佳温度为20℃～25℃,心叶分化和形成新叶最佳温度为12℃以上,配合以充足的短光波(特别在上午10时左右),有利于包球而抑制抽薹。为此,越冬和早春覆盖紫光膜,能较多吸收0.4微米短的波长(即紫外线),即短波透过率高,可抑制和延后抽薹。

⑧昼夜温差大可限制抽薹　甘蓝在冷凉环境中,内叶生长比外叶快,内叶紧着外叶,压力大,叶球生长愈快,结球紧实。物质形成多的原因是昼夜温差大,白天温度18℃～22℃,夜间在5℃左右,温差在15℃左右时吸收钾快,18天左右叶球会迅速充实,1棵重达1～3千克。

⑨足水可防止抽薹　甘蓝叶片蜡质厚,叶子正反两面气孔大,且不易开缩变化,蒸腾作用强,故此甘蓝喜水,白天易缺水,晚上恢复平衡较快。甘蓝宜在高温前浇水,这样既可补充水分,防止白天脱水,又可降低温度,抑制花芽抽生。甘蓝中层叶平均细胞浓度不超过10％时浇水。土壤持水量为80％～100％时,心球生长最快,产量最高,比在平均细胞浓度为14％时浇水,可增产1.2～1.3倍;反之,干旱时球小,产量低,或早期干旱不结球而抽薹,或推迟结球。

⑩补氮、钾、钼防止抽薹开花　从莲座期至结球前,氮、钾素配合可促进叶球早抱合,所需氮、磷、钾之比为37.1∶12.8∶49.1,增加钾、氮的施入分量,具有显著的增产作用。这时每667平方米施50％硫酸钾15千克,球叶和外叶比可拉大到7∶3。如无氮的配合,增产幅度受限,所以须追施8千克纯氮。每667平方米用50％钼酸铵5～25千克做叶面喷洒,可使叶片气孔变小,增强耐热、抗寒力,抑制锥茎生长,从而起到推迟抽薹开花的效果。缺钼的甘蓝不能形成叶球,有利于抽薹开花。此外,用植物基因诱导剂在包心前后各喷1次,能提早包球8天,叶球增大1倍左右。

74. 蔬菜茎蔓徒长防治技术

(1)错误做法

蔓生蔬菜徒长会增加消耗营养20％～40％,很多菜农把

171

植物徒长误认为是温度高、湿度大、光照弱引起的,不了解是栽植过密、夜温过高、土壤浓度小、根浅造成的,致使蔬菜管理难度大,易染病而减产。

(2)正确做法

温度高不是徒长的主要原因,温度在 32℃ 左右时还会抑制植物徒长;湿度大也不是徒长的原因,低温期空气含水量多,湿度大,低温高湿植株也不会快速生长;光照弱,营养积累少,植株也无力徒长。植株徒长的主要原因,一是栽植过密,植株争光而纵长,合理稀植,叶柄自然横长,茎秆会变粗变短,营养集中,可保花保蕾或长果实;二是土壤浓度小,植物体内含营养物质少,茎蔓自然会"饿长";三是夜温高,特别是后半夜棚室温度高,白天光合作用制造的营养会通过呼吸作用流向叶蔓而不长果实,所以,管理上保持昼夜温差为 13%～10%,有利于促果控蔓;四是根系浅,苗期浇水多而足,根系少而浅,吸收土壤营养能力弱,植株体内含矿物质和有机质及糖浓度低,自然易吸收水分而徒长,生产上应注重苗期中耕放墒,减少地面水分,促使根系深扎,或灌施植物诱导剂,喷洒植物传导素,控秧促植物横向生长。

75. 蔬菜气害防治技术

(1)错误做法

在高温干旱环境下,一次施鸡粪、人粪尿等含氨有害物较多,加上温室密闭,造成空气中含氨量超过 4%,亚硝酸气体超过 2%,会使蔬菜生长点和叶片在 24 小时内干枯。温室内生煤炭炉加温,也会引起一氧化碳和二氧化硫伤害蔬菜植株。选用含乙烯、氯气、邻苯二甲酸-2-异丁酯等的薄膜,也会发生蔬菜气体伤害。

(2)正确做法

棚膜上水滴 pH 为 7 时为中性,在 7.2 以上时为碱性,说明室内氨气较重;pH 为 6.5 以下为酸性,pH 为 5.5 时,说明亚硝酸气体过重,会对植株造成不同程度的危害。常用色板试纸测定水滴的酸碱度。

一般在施鸡粪时拌施 EM 或 CM 生物菌,可将有害气体转化为有益气体,供植物长期享用。定植前 15 天施用有机肥,施后闷棚,定植前 2～3 天通风换气,可避免气体伤害。创建生态温室,无须用煤炭炉加温,完全可以在冬季生产蔬菜。选用经检测无有害气体的塑料薄膜。

76. 蔬菜冻害防治技术

(1)错误做法

很多菜农错误地认为,上冻前和冬季浇水会降低地温,影响蔬菜生长。实际上,受冻植株如不摘叶去枝,会导致作物产生乙烯,促使作物衰老和染病。

(2)正确做法

按常规法管理,蔬菜根系在 9℃左右生长受到影响,花蕾低于 10.8℃难于授粉受精,甚至发生冻害。如果采取相应的措施,自生根可忍耐 6℃～7℃低温,不受冻害。采用室内加温防冻,易造成烟害和忽冷忽热而脱水闪秧或冻害。在不加温的条件下,采取以下防冻措施,可保证蔬菜正常生长。

①营养钵育苗 黑色塑料营养钵具有白天吸热,夜晚保温护根的作用,在阳畦内摆上塑料营养钵育苗,外界气温在 −10℃左右时,畦内温度在 6℃～7℃,营养钵内温度在 10℃左右,幼苗能缓慢生长,不受冻害。

②配制热性营养土 鸡粪是热性粪肥,牛粪是黏液丰富

的透气性粪肥,在鸡粪、牛粪腐熟后各取 20％拌阳土 60％,这样的营养土吸热生热性能好,秧苗生态环境佳,根系数目多而长,吸收能力强,植株耐冻健壮。

③分苗时用生根素灌根 生根素是用钙、磷、锌等与长根有关的几种营养元素合理配制而成的,钙决定根系的粗度,磷决定根系数目,锌决定根系的生长速度和长度,施用后根系可增加 70％左右,深根增加 25％。作物根系发达,吸收能力强,就不会因缺水、缺素造成抗寒性差而冻伤秧蔓了。

④足水保温防冻害 水分比空气的比热高,散热慢,冬季室内土壤含水量适中,耕作层孔隙裂缝细密,根系不悬空,土壤保温,根系就不会受冻害。所以,秧苗冻害多系缺水所致。为此,冬前浇足水或选好天气(20℃以上)灌足水可防冻害。

⑤中耕保温防寒 地面板结,白天热气进入耕作层受到限制,土壤贮热能少,加之板结土壤裂缝大而深,团粒结构差,前半夜易失热,后半夜室温低,易造成冻害。进行浅中耕可破板结、合裂缝,既可控制地下水蒸腾带走热能,又可保墒、保温、防寒、保苗。

⑥叶面喷营养素抗寒 严寒冬季气温低、光照弱,根系吸收能力差,此时叶面上喷光合微肥,可补充根系因吸收营养不足而造成的缺素症。叶面喷米醋可抑菌驱虫,米醋与白糖和过磷酸钙混用,可增加叶肉含糖度及硬度,提高抗寒性。作物受冻害气害后叶面呈碱性萎缩,喷醋可缓解危害程度,醋的浓度宜用 100～300 倍液。少用或不用生长类激素,以防降低抗寒性。

⑦在晴天反复通风炼苗 性能好的标准温室,外界气温在 -15℃左右,冬季晴天上午室内最高温度可达 32℃以上,很多菜农认为这是久冻逢好天气,正是促长的最佳时期,不宜

通风。其实,这时应该反复通风,使室内外温差缩小,使植株缓慢适应环境,健壮生长,谨防一日猛长,十日受寒,造成闪苗和冻害。

⑧补充二氧化碳 碳、氮对作物的增产作用比为 1:1,作物对碳氮比的需要量为 30:1。目前广大菜农较了解氮对蔬菜增产的作用,却忽视了碳的增产效果。冬季温室蔬菜易徒长黄化,太阳出来后 1 小时蔬菜可将自身夜间呼吸和土壤微生物分解产生的二氧化碳吸收,经 12 时左右便处于碳饥饿状态,气温高时可将棚膜开开合合,放进外界二氧化碳,以提高蔬菜抗性和产量。

⑨及时盖苫保温 一般温室墙体厚 1 米,白天吸热贮温,晚上释放的能量占室内总量 50%～60%,土壤吸热放热量占 20%～30%,空间存热量占 20%～30%。根据冬季和当天气温,盖苫后 1 小时室温就可达到 18℃左右。如高于 18℃可迟些盖苫,低于 18℃则要早些盖苫。

⑩后墙挂反光膜增温 温室冬季生产蔬菜,主要的不是怕寒冷,而是怕光照不足,怕连阴天。冬至前后,温室后墙上挂反光膜,可提高光照度,晚上使墙体所贮热能缓慢释放于室内,可保持后半夜较高温度,使蔬菜不致受冻害。

⑪覆盖多层薄膜保温 在标准温室内生产越冬蔬菜,可覆盖薄膜,垄上覆地膜保墒控湿提温,但不要封严地面,留 15～20 厘米宽的土面,使白天土壤所贮热能,晚上通过没覆膜的地面向空间缓慢辐射,使早晨 5～7 时最低温度可提高 1℃～2℃。如在草苫外覆盖一层膜,或在第一膜 20 厘米处再支撑一膜,形成保温隔寒层,可增室温 1℃～3℃。

⑫选用稻草苫 稻草苫导热率比蒲草苫低,护围防寒性能好,加之稻草苫质地软密,可减少传导失热,室内夜间最低

温度可提高 2℃～3℃。

⑬电灯补光增温　安装电灯,阴天早晚开灯给蔬菜秧各补光 3～4 个小时,与太阳光一起每天给予作物 15～18 小时的光照,每晚关灯 6～8 小时,让其进行暗化反应,可缩短营养生长期 17～21 天,提高产量 10%～20%。

⑭选用紫光膜　冬季太阳光谱中紫外线只占夏季的 5%～10%,白色膜只能透过 57%,玻璃不能透过紫外线,而紫光膜可透过 88%。紫外线光谱可抑病杀菌,控制植株徒长,促进产品积累。选用紫光膜冬至前后室温比绿色膜高 2℃～3℃。

77. 蔬菜热害闪秧防治技术

(1)错误做法

不少菜农认为阴天光照弱,外界气温低,揭草苫会降低室温,使蔬菜停止生长,故而不揭草苫,结果造成植株根系萎缩,等到晴天后突然揭苫,造成闪秧凋萎。白天气温高时,又未及早通风,待温度高达 40℃ 以上才大通风,造成植株脱水、闪秧。

(2)正确做法

蔬菜生长的两个主要因素是光照和温度,二者缺一不可。连阴天不揭草苫,植株不仅不能见光,更重要的是温度上不去,作物缺乏蒸腾作用,就不会将水分解成氧、氢离子。根系内缺氢离子,难以交换的铁、钙、硼就不易运动,造成根系萎缩变小,继而缺素枯死。同时,作物生长环境缺氧离子,会使作物徒长、染病。因此,连阴天应揭开草苫,让蔬菜见光,以提高其抗逆性;白天遇到高温时,不要急于揭膜通风,应先遮荫,后喷水,让植株慢慢适应和恢复,谨防高温时开棚通风,使植株水分随温度蒸发,造成脱水干枯。另外,一定要在定植期用植物诱导剂灌根,以增强植株抗性;结果期施足钾肥,以提高植株抗逆能力;平时常浇有益生物菌肥,以提高土壤对空气热、冷的调节能力,提高营养元素及离子的活性和吸收量。

78. 草木灰防病避虫技术

(1) 错误做法

草木灰中含钾 4% 左右,多数菜农只知道草木灰是有机钾肥,但不知道草木灰中含有丰富的硅素因而具有防病避虫作用。因此,没有正确利用草木灰的这个功能。

(2) 正确做法

蔬菜生长期,用草木灰 3～4 千克拌熟石灰 1 千克,在清晨露水未干、气温为 15℃～20℃时撒于蔬菜叶面上,可防治白粉病和灰霉病;撒在根茎部,可防治枯萎病。将草木灰撒在蔬菜根茎部,可防治根腐病,还可抑制和杀灭蚜虫。韭菜、大蒜发现有根蛆时,每 667 平方米撒草木灰 200 千克,可以防止成虫产卵和为害蔬菜。

79. 蔬菜重茬连作技术

(1) 错误做法

不少菜农目前仍然沿袭老的做法,用化学杀菌剂处理土壤后进行连作,结果造成投资大,成本高,效果差,蔬菜产品不符合有机食品要求。

(2) 正确做法

①采用生态栽培措施可连作 一是整平土地防止积水使作物根系缺氧而染菌死秧。二是深耕 35 厘米以上,防止根浅脱水染菌死秧。三是遮阳降温防止强光灼伤植株染病。四是

防止低温沤根染菌死秧。五是及时用有益菌液沤粪,防止施用未腐熟粪肥造成烧根染病。不施氨态化肥。六是在高、低温期叶面喷硼、锌、钙、钛溶液,增强植株抗病性,以防止蔬菜营养失调使病菌乘虚而入。

②采用生物技术措施可连作　一是自制生物菌肥。将秸秆、杂草、腐殖质等动植物残体切段堆积,将 EM 菌剂 1 千克加水稀释 100～300 倍,拌碳酸氢铵 10～20 千克(碳分解时需吸氮),泼洒于堆肥内,即可加快碳素物质分解和防止生虫,供作物直接吸收,并可驱走和取代有害病菌。定植时将生物堆肥施入沟穴内,可连作防病。二是栽苗时,根部穴施 EM 地力旺菌肥 10～20 千克,既能以菌克菌,又能平衡土壤和植物营养,可以连作。三是在苗期和定植后,每 667 平方米施 CM 菌液或 EM 菌液或百奥吉菌液 2 千克,可连作保秧。

③采用生理技术措施可连作　铜是植物表皮木质化的元素,可加快愈合伤口,防止病毒病菌侵入,且能增强植物的生长势和抗性。铜素还能使病菌细胞蛋白质钙化致死。因此,叶面常喷铜制剂,或每 667 平方米在定植穴内,施硫酸铜 2 千克拌碳酸氢铵 9 千克,可防止病菌侵染。

④采用物理技术措施可连作　用土壤电液爆机、高压脉冲电容放电器在土壤中放电形成等离子体和压力波杀菌消毒,效果优异,并可激活土壤中凝固的营养素和电解矿物营养,以供蔬菜直接吸收。温室电除雾器及防病促长系统是将其所制出的适度臭氧来抑制、杀灭空气和土壤中的病菌,经处理的土壤可以连作。

⑤采用植物诱导技术措施可连作　将各类植物的遗传基因特性集于一物,喷洒与灌施在蔬菜秧上,可使其根系增加 70％～100％,光合效率提高 50％～400％,使蔬菜秧增强抗

寒、抗旱、抗病、抗虫力。植物诱导剂在蔬菜上应用效果优异，每 667 平方米用该药剂 50 克对沸水 0.5 升化开，存放 24 小时后随水冲入苗圃，或栽后用该药剂 50 克对水 50 升灌根或叶面喷洒，1 小时后浇水或喷 1 次清水，可在重茬连作中防治青枯病、溃疡病引起的死秧，防止徒长效果明显，可取得早熟和增产的良好效果。

80. 石灰氮防治地下害虫技术

(1) 错误做法

多数菜农不了解地下害虫特别是根结线虫是由于土壤碳、氮比即营养不平衡所致，习惯选用化学农药杀虫，不知道用矿物营养平衡土壤营养，可以避虫，结果是投资多，效果差。

(2) 正确做法

石灰氮($CaCN_2$)又名碳氮化钙，含碳、氮各 22% 左右，含钙 30% 左右，因其在水、温、光的作用下，能分解出单氰胺和双氰胺，故又叫氰胺化钙。氰胺气体对地下害虫如蝼蛄、地老虎、蜗牛、田螺、蛴螬等有高效杀伤力。用该物杀虫，所收获的作物产品为无公害绿色食品。

对黄瓜、番茄、芦笋等根结线虫危害严重的地块，在高温期扣棚，每 667 平方米撒施石灰氮 200 千克，深翻土壤热闷 2～3 天，可彻底灭虫净地。韭菜地在蝇虫产卵期（9 月份）撒施石灰氮熏蒸，可驱赶消灭成虫；蛆虫为害期在韭根处挖沟埋施石灰氮熏蒸，还有消毒灭菌、除草作用。

81. 植物 DNA 修复剂对蔬菜的愈伤增产作用

(1) 错误做法

植物 DNA 修复剂又称植物传导素，是采用纳米技术将多种稀土元素与可促进果实膨大、抗病毒的"超级钙"和细胞稳定的海洋抗菌等因子合成的可改善植物内部质量的新型物质,是国际前沿性作物动力物质科技产品。多数菜农不理解其物质对植物的动力和修复作用,不敢采用,或者过量盲目施用,造成浪费。

(2)正确做法

一是植物 DNA 修复剂可促进细胞分裂与扩大,愈伤植物组织,促其恢复生机;使细胞体积横向膨大,茎节加粗,且有膨果、壮株、诱导芽的分化、促进植物根系和枝秆侧芽萌发和生长,打破顶端优势,增加花数和优质果数的作用,并可抑制病菌产生和蔓延,防病抗虫。每粒对水 12 升,做叶面喷洒。

二是要想促进器官分化和插枝生根、砧木和移栽蘸根、愈伤组织、分化出根和芽,用 1 粒植物 DNA 修复剂对水 10 升做喷雾或蘸根。

三是要想调节植株花器官分化,使雌花增多;抑制植物叶、花、果实等器官离层的形成,延缓器官脱落,抗早衰,解除死苗、烂根、卷叶、黄叶、小叶、花叶、重茬、落铃、落叶、落花、落果、裂果、缩果、果斑等病害症状的,用 1 粒对水 14 升做叶面喷洒。

四是要想打破植物休眠,使沉睡的细胞恢复生机;愈合机械创伤、虫伤和病害伤口,使植株迅速恢复生长,增强受伤细胞的自愈能力;使病害、冻害、除草剂中毒等药害及缺素症、厌肥症在 24 小时内恢复生机的,用 1 粒对水 15 升做叶面喷洒。

五是要想提高根部活力,增强作物对盐、碱和贫瘠地的适应性,促进气孔开放,提高供氧度,由原始植物生长基点逐渐激活达到植物生长点的,用 1 粒对水 15 升做叶面喷洒后,8 小时内可平衡植物体内营养,无须担心残毒超标。

植物 DNA 修复剂适用于一切蔬菜创伤和虫伤的修复。

施用于瓜果植物,可提前上市,有利于保鲜贮存,瓜果可增产20％～40％,糖度增加2度左右,口感鲜香,果大色艳。该剂在育苗期、旺长期、坐果期、膨大期等各个生长期均可使用,可与调节剂、杀菌剂、杀虫剂、除草剂和肥料混用,使用效果更好。植物DNA修复剂施用后一般5天左右见效,持效期长达30天以上。大田作物每667平方米用2粒,每粒对水15升喷施或灌根,除雨天外均可施用。

陕西省韩城县陈庄村许峰2006年12月在芹菜长到60厘米高时喷洒1次修复剂(每粒对水12升),第六天观察:叶色亮绿,生长快,芹菜高达90厘米,比对照株高出20厘米,产量提高25％左右,每667平方米增收2 000余元。邻村(西关村)种菜能手王超种植两个大棚黄瓜 ,2006年12月16日将一个大棚发生的角斑病误当霜霉病防治,黄瓜叶片全受害,他用1粒植物DNA修复剂对水12升做叶面喷洒,10天后叶片恢复生机,比没染角斑病的那一棚黄瓜秧还好,瓜多茎节匀,长得快,比对照棚增收1 040元。

82. 茄子绵疫病烂果防治技术

茄子绵疫病危害果、叶、茎秆。其初期发病特征是:果皮呈水浸状褐色圆斑,迅速扩大使茄果腐烂。继而病斑处着生白色棉絮状霉层,以热雨天后危害为重。

(1)错误做法

茄子绵疫病发生前,不及时摘叶通风透光,只习惯于雨后串浇井水,不清理病叶、病果、病株。发病严重了才用杀菌剂喷洒防治,但已造成损失,预防效果不明显。

(2)正确做法

一是结果期控制氮肥,降低夜温,防止叶大株高,通风不良;实行高垄栽培,合理稀植。二是栽前施硫酸铜,或在浇水前、降雨后叶面喷铜、锰制剂溶液杀菌和增加植株皮层厚度,防止杂菌侵入。三是雨后在叶面上喷植物传导素和稀土元素,修复病斑。

83. 蔬菜菌核病防治技术

(1)错误做法

不重视调高温度和采用平衡土壤营养的方法来预防菌核病,习惯于用化学农药做叶面喷洒或随水冲施,效果不佳。

(2)正确做法

一是注重基施碳素有机肥拌有益生物菌,定植后灌施植物诱导剂,结果期施钾素营养。二是定植前半个月每 667 平方米冲施 2 千克硫酸铜杀灭杂菌,可维持 3 茬作物不染菌核病。三是高、低温期叶面补施硼、钙营养液。四是长期保持施用有益生物菌液,也不会感染菌核病。

84. 番茄溃疡病防治技术

(1)错误做法

不少菜农无采用平衡营养的方法进行番茄的栽培和管理的意识,番茄染病后单纯依赖化学农药防治,效果不佳。

(2)正确做法

一是对番茄根茎做 30°弯曲定植,以增加根系数量,提高吸收能力。二是注重施有机肥和生物肥菌。三是每 3 茬作物在空闲时间冲施 1 次硫酸铜,消灭杂菌。四是如果番茄生长期中有机肥不足,应及早补充钾、硼素,以防止空秆和病菌侵入。

85. 番茄晚疫病防治技术

(1)错误做法

晚疫病是由于高湿适温、有伤口引起的烂果、干叶和伤害茎秆的毁灭性病害,在保护地栽培中常有发生。在露地栽培中该病发生蔓延迅速,造成减产 30％以上。晚疫病染病前和发病初期,许多菜农不注意预防,当发现干叶、烂果时才心急火燎地喷杀药剂挽救,但损失已成定局。

(2)正确做法

一是及早疏果疏叶,每穗果轮廓长成后,将果下叶全部摘掉。二是在苗期叶面喷 2 次铜制剂避虫,增加植株厚度和抑菌,愈合伤口。三是控制浇水量和次数,保持作物在干燥环境下生长。四是下冰雹、发生机械伤和虫伤后,喷铜制剂和植物传导素愈合伤口防病。五是注重施牛粪、秸秆肥、生物剂和钾肥,增强土壤透气性和增加长果壮秧营养元素。

86. 蔬菜幼苗猝倒病防治技术

(1)错误做法

不少菜农往往认为各类蔬菜苗圃上发生的猝倒死秧是由于土壤有菌或种子带菌造成的,常用杀菌剂拌土覆盖苗圃进行防治,往往造成烧伤苗和不健康苗。

(2)正确做法

一是育苗床禁止使用化肥,以免烧伤根系。二是不要使用未腐熟的粪肥。三是不要用高效杀菌剂拌土覆盖苗圃,只需取 25％新烧过的蜂窝煤渣、20％腐殖酸风化煤肥、50％阳土、5％生物菌有机肥或液体生物菌 500 克拌和,在幼苗出土后覆盖苗圃控湿,覆盖生物肥土,叶面喷 1～2 次铜制剂溶液,就可保全苗,培育出壮苗。

87. 斑枯病与锈病防治技术

(1)错误做法

许多菜农往往将斑枯病、锈病单独作为病菌性病害加以防治,这是一种认识上的片面性错误,因而效果不佳。

(2)正确做法

斑枯病、锈病实际上是害虫如蓟马为害、缺锰引起的叶片褐红色斑点。其防治方法:一是喷杀虫剂防治害虫;二是喷铜硅制剂,增加叶片厚度和避虫;三是喷锰制剂增强植株体抗逆抗病性。

88. 蔬菜 2,4-D 伤害防治技术

(1)错误做法

传统的观点认为,低温期用 2,4-D 给茄子、番茄、黄瓜花蕾涂药保果,浓度要大些,结果发生了大量的大脐果、海绵果肉以及种子外露、果形不正现象。

(2)正确做法

在低温期内,植物体内的钙素移动性差,如果用高浓度的药液涂抹花蕾会灼伤幼果皮,造成大脐果。因此,在低温期涂抹花蕾,一是涂抹前要在叶面上喷钙或稀土元素,或施 EM 菌以平衡植株营养;二是干旱、低温期作物缺钙,不要用高浓度的 2,4-D 溶液涂花。

89. 茄子黄萎病、辣椒疫病、番茄青枯病(死秧)防治技术

(1)错误做法

多年来,人们习惯于在栽培茄子、辣椒和番茄时,用甲基

托布津、福美双、敌克松等化学农药灌根。防治黄萎病、疫病、青枯病引起的死秧或半边疯、枝秆枯,效果较差。现在,多数技术人员和菜农在防治黄萎病、疫病和青枯病时,将注意力集中在寻找特效杀菌剂上,忽视了按照植物生理要求和生态环境要素进行防病。

(2)正确做法

首先要弄清死秧的原因。常见的死秧,有根下粪块烧伤根系、土壤浓度过大使植株体反渗透脱水、虫伤染病、土壤恶化、有害菌占领生态位、侵腐植株根系等原因。对于各种蔬菜的死秧,一是用硫酸铜拌碳酸氢铵防治,既可杀菌,愈合伤口,增加植物皮层厚度,又可避虫,比用其他杀菌剂综合效果好,且持效期长达 15 个月之久。二是用生物菌灌浇,大量繁殖有益菌,以占领生态位,还能固氮和解磷、钙等大量元素,平衡土壤营养和植物营养,降低成本,防治死秧效果显著,但须在发病前及早施用。三是用诱导剂灌根,以增强根系吸收能力,提高光合强度和植物免疫力,防止死秧的效果也很明显。

90. 辣椒僵果防治技术

(1)错误做法

只注重施鸡粪,忽视施牛粪或秸秆肥;多数辣椒田碳素粪肥不足,硼、锌元素供应不良;地温过低,栽植过浅,根系受冻;栽植密度过大,徒长;缺钾等,均会引起未受精僵果。

(2)正确做法

沟栽培土;施足牛粪、秸秆肥;开花期喷硼、锌营养素;合理稀植;结果期增施钾肥,控制氮、磷肥。

91. 黄瓜瓜打顶防治技术

(1)错误做法

定植后浇水过勤导致根浅;误认为冬前浇水会降低土温,致使土壤过于干旱;土壤浓度过大,特别是施磷肥过多,缺乏钾、碳、硼元素。

(2)正确做法

定植后控水蹲苗,浇施植物诱导剂增根;增施有机碳素肥,如牛粪、腐殖酸肥,少施含氮、磷高的鸡粪;缓苗后如遇肥害或地上部矮化,浇施生物菌肥或锌元素促根深扎;大冻前浇足水,以免土壤缺水根系受冻;出现茎节短、生长点花打顶或瓜打顶时,应适当疏摘,并在生长点上喷赤霉素或生物菌肥解症。此外,用萘乙酸 2.5 毫克加 1 袋爱多收对水 15 升喷洒生长点,对解除瓜打顶效果显著。

92. 延秋番茄脱叶围果高产技术

(1)错误做法

对延秋番茄不及时打顶去杈,浪费营养;果实轮廓长成后,不摘下部叶片,致使果实早红,钾素外流,产量低,不耐贮运。

(2)正确做法

植株体内存在两套生化报警系统:一套是由虫害、人为机械损伤叶片引发的;另一套是由病原菌侵染、伤害衰老叶引发的。如番茄某一片叶受伤后,整株叶片中便会引发蛋白酶抑制物积累增多,从而愈合伤口,半小时后叶片内在物合成乙烯加快,其植株长势、抗性及产量很快下降。由此可见,植株伤病后产生乙烯应答十分明显,乙烯增多可加速株体衰老。

叶片染病坏死和机械伤、虫伤引起的伤口愈合而形成乙烯是必然的,同时乙烯的大量产生又充当了病原菌的"帮凶"。实践证明,将创伤和染病叶片及时摘除,蛋白酶抑制剂的积累便不会发生,也就遏制了乙烯的产生,既可控制碳水化合物变性,又可防止植株早衰而健康、协调地生长,最终达到高产优质。所以,生产上一旦发现伤病叶应及时摘除为好。另据新绛县大面积试验,延秋茬和越冬茬番茄在每穗果轮廓长成后,摘掉果穗以下所有叶片,果实肉实丰满。果实成熟后,自身产生乙烯,能使番茄内钾素向茎叶转移;摘去老叶后,乙烯合成减少,钾素无处转移,可提高产量,又因乙烯合成慢而少,果实成熟延迟,能在价格高时应市,增加收入。

经试验,番茄坐果初期剪掉冒尖生长点,全部抹掉腋芽,集中营养坐果,一次可坐果 2～3 个,增产保果效果明显。

延秋茬番茄每穗果轮廓长成后,将下部叶枝摘掉,让果实慢慢后熟。因果实成熟后自然着色,产生乙烯会排钾,摘去外叶,钾失去流向,专供果实,因而果实丰满,产量高。

93. 番茄画面果防治技术

(1)错误做法

番茄画面果,又称青面果筋、腐果,即果实表面呈现一块青色,一块黄红色或一块红色。有些果肉也呈青红色或褐色筋腐。有些果内红外表呈现画面。其原因是密植、施氮肥过多,低温高湿,钾不足 ,或铁吸收发生障碍;植株生长过旺,透气、透光性差;植物体内营养失调,特别是乙烯合成降低。

(2)正确做法

一是增施含碳、钾有机肥,每 667 平米施鸡、牛粪各 2 500

千克,每次随水冲 EM 或 CM 生物菌肥 1～2 千克,或生物菌肥 25～50 千克;连阴天喷洒或浇灌生物菌肥,以防无光合作用时果实生长停滞后纤维化筋腐,引起画面果。二是疏叶,减少营养消耗叶;选用透光性好的薄膜清除尘土,提高室温。三是结果期注重施钾肥,补充硼素,少施含氯肥;果实上喷豆浆、鱼血促使全红。

94. 黄瓜秧根浅引起急性脱水枯死防治技术

(1)错误做法

幼苗期不切方移位囤苗,定植后不控水蹲苗,不会使用植物诱导剂促根,气温下降和高温前土壤干燥缺水。

(2)正确做法

黄瓜根系喜氧,宜浅栽;又因黄瓜性脆,不浇不长,生产上应小水勤浇。瓜苗需栽入沟中部,水浇在沟底,诱根深扎,培土护根。穴施磷、锌肥,增加根系数目和长度。用植物诱导剂灌根 1 次。不施未腐熟鸡粪和人粪尿,以免造成氨气伤叶。注意控制气温,使其不超过 35℃。大冻前浇足水,以免根系缺水受冻。注重施透气性肥料,如牛粪、秸秆肥、腐殖酸肥和生物菌肥等。

95. 蔬菜根腐病防治技术

(1)错误做法

不少菜农将根腐死秧误认为是病害造成,因而用杀菌剂防治,效果甚微。

(2)正确做法

一是施用生物菌拌有机粪肥,防止土壤氨气熏伤根系;二是施肥要适当,防止土壤浓度过大而灼伤根系;三是用虫藤杀虫剂和经炒香的麦麸拌糖、醋、敌百虫诱杀害虫,防止害虫蛀伤根系染病;四是每种 2～3 茬菜每 667 平方米冲施 2 千克硫酸铜避虫,增强植物抗性,愈合伤口;四是经常施 EM、CM 菌剂,以平衡土壤和植物营养。防止田间积水超过 48 小时,疏松土壤,增加土壤含氧量,有利于有益菌占领生态位,就不会发生根腐病。

96. 黄瓜真菌、细菌病防治技术

(1)错误做法

黄瓜细菌性圆(角)斑病初期症状与霜霉病相似,均为生理充水,很多菜农错误地将它作为霜霉病防治,既浪费农药和人力,防治效果也不明显。

(2)正确做法

当气温在 20℃以下时,晋南地区在 4 月 10 日以前,黄瓜叶背面出现水渍性生理充水,应按细菌性病害(即圆斑病、角斑病)防治;气温在 21℃以上时,应按真菌性病害(即霜霉病)防治。不论是细菌性还是真菌性病害,叶面喷洒铜、钙、钾、硼制剂,均有良好的防治效果。

以下配方药剂对于防治病虫害也很有效果:一是用大蒜500 克捣烂,用 50 升水过滤,再加入 400 克蜂蜜搅匀做叶面喷洒,可防治真菌、细菌性病害。

二是用生石灰加水化成粉,按 200 倍液对水,再加入 500倍液硫酸铜,10 分钟后做叶面喷洒,可杀菌防病避虫。

三是用以稀土为原料制作的植物传导素 1 粒对水 14 升做叶面喷洒,可愈合虫、病伤口,使植物由纵长向横长转移。

97. 根结线虫防治技术

(1)错误做法

多数菜农认为根结线虫是一种虫害,应该用化学杀虫剂防治,结果只能维持 2~3 个月,之后又蔓延成灾,难以根治。

(2)正确做法

根结线虫是由于土壤浓度过大、有害菌占领生态位引起的根系腐化而招引蝇虫后所产生的蛆若虫。其防治办法,一是避免盲目多施氮、磷肥;二是增施秸秆、腐殖酸拌 EM 菌液,以平衡土壤营养。土壤透气性好,有益菌占领生态位,根系健康,自然不会招引种蝇在腐臭处产卵生根结线虫。

98. 白粉虱防治技术

(1)错误做法

白粉虱飞虫很小,用很多杀虫剂喷洒都有效,很多菜农认为一喷药就可消灭,但第二天白粉虱又飞起来了。

(2)正确做法

白粉虱繁殖速度快,1 天可繁殖数代,一般杀虫剂对飞虫有防效,但对卵无杀伤力,第二天卵即孵化成幼虫为害蔬菜。因此,一是喷药时一定要连用两天药,将卵新孵化出来的飞虫杀灭;二是飞虫杀灭后,再喷 1 次过磷酸钙米醋浸出液,使卵钙化窒息而死;三是设防虫网,使外面的飞虫不能进棚为害。此外,每 667 平方米用干辣椒 150~500 克捣成粉后对水 50 升做叶面喷洒,可杀灭斑潜蝇、白粉虱、蚜虫等飞虫。

99. 斑潜蝇防治技术

(1)错误做法

斑潜蝇成虫是将卵产在叶肉内,卵变成若虫后蛀食叶片,形成画面叶。一般杀虫剂可有效杀飞虫,但杀不死叶内卵。在晋南地区,美洲斑潜蝇在12月至翌年4月温室越冬茄子、番茄有轻度发生;在黄瓜、豆角及十字花科蔬菜上为害严重,5月下旬大量繁衍,到7月上旬能造成全株叶片被蛀食,造成毁灭性衰败拉秧。第二个发生高峰期在8月下旬到9月上旬,染虫植株新叶萌生,虫子由下而上蔓延侵食,又一次造成毁灭性为害。

(2)正确做法

一是一般杀虫剂要连用两天;二是可选用斑潜宝农药喷洒一次,虫、卵、蛾可一次净地;三是可用农药连熏两个晚上,这样比较彻底。要重点抓好冬春季保护地内斑潜蝇的防治,以减少露地虫源,及时消灭羽化成虫和初孵幼虫,同时利用夏季高温闷棚和冬季低温冷冻,可有效降低虫口基数。早期见虫用药可杀一灭百,中间喷铜制剂愈合伤口,饿死雄虫,减轻病菌侵入机会。少施氮肥,增施有机肥。在化蛹高峰期,适量浇水和深耕,创造不适合其羽化的环境。充分利用天敌资源,寄生性天敌以幼虫期寄生为主,大部分种类为姬小蜂科的多种寄生蜂。应注意大力保护捕食性天敌。利用小花蝽、蓟马等趋黄的特性,用废塑料瓶或黄板涂上黄漆诱杀成虫。用药时间为8~11时和15时以后。用药间隔期为9~10天,药液应主要喷在中部和上部叶子的正反面。

100. 蓟马防治技术

(1)错误做法

蓟马虫体很小,肉眼几乎看不见,幼叶受其为害后卷曲,叶片长大后整个叶片都有虫眼,随着叶片的长大虫眼也扩大,因而失去光合能力,严重时能将幼苗生长点蛀食掉。好多菜农早期往往疏忽大意而不注意防治,蔬菜在不知不觉中受其为害,发觉后已难以补救。

(2)正确做法

幼苗期真叶一出现,就选用针对性的农药喷洒杀虫;生长期中每隔 10 天喷 1 次硫酸铜制剂,一来可以避虫,二来可以愈合蔬菜伤口,三来可以加厚蔬菜皮层,使蓟马咬不动。

附　录

附表 1　有机肥中的碳、氮、磷、钾含量速查表

肥料名称	碳(C,%)	氮(N,%)	磷(P₂O₅,%)	钾(K₂O₅,%)
粪肥类				
人粪尿	8	0.60	0.30	0.25
人　尿	2	0.50	0.13	0.19
人　粪	28	1.04	0.50	0.37
猪粪尿	7	0.48	0.27	0.43
猪　尿	2	0.30	0.12	0.00
猪　粪	28	0.60	0.40	0.14
猪厩肥	25	0.45	0.21	0.52
牛粪肥	18	0.29	0.17	0.10
牛　粪	26	0.32	0.21	0.16
牛厩肥	20	0.38	0.18	0.45
羊粪尿	12	0.80	0.50	0.45
羊　尿	2	1.68	0.03	2.10
羊　粪	12～26	0.65	0.47	0.23
鸡　粪	25	1.63	1.54	0.85
鸭　粪	25	1.00	1.40	0.60
鹅　粪	25	0.60	0.50	0.00
蚕　粪	37	1.45	0.25	1.11
饼肥类				
菜籽饼	40	4.98	2.65	0.97
黄豆饼	40	6.30	0.92	0.12

肥料名称	碳(C,%)	氮(N,%)	磷(P_2O_5,%)	钾(K_2O_5,%)
棉籽饼	40	4.10	2.50	0.90
蓖麻饼	40	4.00	1.50	1.90
芝麻饼	40	6.69	0.64	1.20
花生饼	40	6.39	1.10	1.90
绿肥类(老熟至干)				
紫云英	5~45	0.33	0.08	0.23
紫花苜蓿	7~45	0.56	0.18	0.31
大麦青	10~45	0.39	0.08	0.33
小麦秆	27~45	0.48	0.22	0.63
玉米秆	20~45	0.48	0.22	0.64
稻草秆	22~45	0.63	0.11	0.85
灰肥类				
棉秆灰		(未经分析)	(未经分析)	3.67
稻草灰		(未经分析)	1.10	2.69
草木灰		(未经分析)	2.00	4.00
骨 灰		(未经分析)	40.00	(未经分析)
杂肥类				
鸡 毛	40	8.26	(未经分析)	(未经分析)
猪 毛	40	9.60	0.21	(未经分析)
腐殖酸	40	1.82	1.00	0.80
生物肥	25	3.10	0.80	2.10

注:每千克碳供产瓜果 10~12 千克,整株可食菜 20~24 千克,每千克氮供产菜 380 千克,每千克磷供产瓜果 600 千克

附表 2 品牌钾对蔬菜的投入产出估算表

品　名	每袋产量	目前市价	投入产出比
含钾 45％生物钾	每 50 千克袋可产瓜果 2745 千克	每袋 118 元	1：23.2
含钾 33％生物钾	每 25 千克袋可产瓜果 1006 千克	每袋 48 元	1：20.9
含钾 50％生物钾	每 4 千克袋可产瓜果 244 千克	每袋 10 元	1：24
含钾 25％钛素钙钾	每 4 千克袋可产瓜果 122 千克	每袋 10 元	1：12
含钾 25％田益	每 4 千克袋可产瓜果 122 千克	每袋 10 元	1：12
含钾 26％膨座果	每 8 千克袋可产瓜果 268 千克	每袋 20 元	1：13.4
含钾 20％稀土高钙钾	每 4 千克袋可产瓜果 122 千克	每袋 10 元	1：12.2
含钾 5％茄果大亨	每袋 2.5 千克叶弱用	每袋 7 元	宜缺氮用
含钾 22％冲施灵	每袋 5 千克,产果 139 千克	每袋 20 元	1：6.7

注:按世界公认每千克纯钾可供产果瓜 122 千克,菜价按 1 元/千克计,在叶旺果多的情况下,投入产出不考虑磷、氮、钙、镁等其他营养的作用

金盾版图书,科学实用,
通俗易懂,物美价廉,欢迎选购

怎样种好菜园(新编北方本修订版)	19.00元	一村——山东省寿光市三元朱村	10.00元
怎样种好菜园(南方本第二次修订版)	13.00元	种菜关键技术121题	17.00元
菜田农药安全合理使用150题	7.50元	菜田除草新技术	7.00元
露地蔬菜高效栽培模式	9.00元	蔬菜无土栽培新技术(修订版)	14.00元
图说蔬菜嫁接育苗技术	14.00元	无公害蔬菜栽培新技术	11.00元
蔬菜贮运工培训教材	8.00元	长江流域冬季蔬菜栽培技术	10.00元
蔬菜生产手册	11.50元	南方高山蔬菜生产技术	16.00元
蔬菜栽培实用技术	25.00元	南方蔬菜反季节栽培设施与建造	9.00元
蔬菜生产实用新技术	17.00元	夏季绿叶蔬菜栽培技术	4.60元
蔬菜嫁接栽培实用技术	12.00元	四季叶菜生产技术160题	7.00元
蔬菜无土栽培技术操作规程	6.00元	绿叶菜类蔬菜园艺工培训教材	9.00元
蔬菜调控与保鲜实用技术	18.50元	绿叶蔬菜保护地栽培	4.50元
蔬菜科学施肥	9.00元	绿叶菜周年生产技术	12.00元
蔬菜配方施肥120题	6.50元	绿叶菜类蔬菜病虫害诊断与防治原色图谱	20.50元
蔬菜施肥技术问答(修订版)	8.00元	绿叶菜类蔬菜良种引种指导	10.00元
现代蔬菜灌溉技术	7.00元		
城郊农村如何发展蔬菜业	6.50元	绿叶菜病虫害及防治原色图册	16.00元
蔬菜规模化种植致富第			

根菜类蔬菜周年生产技术　8.00 元

绿叶菜类蔬菜制种技术　5.50 元

蔬菜高产良种　4.80 元

根菜类蔬菜良种引种指导　13.00 元

新编蔬菜优质高产良种　19.00 元

名特优瓜菜新品种及栽培　22.00 元

蔬菜育苗技术　4.00 元

现代蔬菜育苗　13.00 元

豆类蔬菜园艺工培训教材　10.00 元

瓜类豆类蔬菜良种　7.00 元

瓜类豆类蔬菜施肥技术　6.50 元

瓜类蔬菜保护地嫁接栽培配套技术 120 题　6.50 元

瓜类蔬菜园艺工培训教材(北方本)　10.00 元

瓜类蔬菜园艺工培训教材(南方本)　7.00 元

菜用豆类栽培　3.80 元

食用豆类种植技术　19.00 元

豆类蔬菜良种引种指导　11.00 元

豆类蔬菜栽培技术　9.50 元

豆类蔬菜周年生产技术　14.00 元

豆类蔬菜病虫害诊断与防治原色图谱　24.00 元

日光温室蔬菜根结线虫防治技术　4.00 元

豆类蔬菜园艺工培训教材(南方本)　9.00 元

南方豆类蔬菜反季节栽培　7.00 元

四棱豆栽培及利用技术　12.00 元

菜豆豇豆荷兰豆保护地栽培　5.00 元

菜豆标准化生产技术　8.00 元

图说温室菜豆高效栽培关键技术　9.50 元

黄花菜扁豆栽培技术　6.50 元

日光温室蔬菜栽培　8.50 元

温室种菜难题解答(修订版)　14.00 元

温室种菜技术正误 100 题　13.00 元

蔬菜地膜覆盖栽培技术(第二次修订版)　6.00 元

塑料棚温室种菜新技术(修订版)　29.00 元

塑料大棚高产早熟种菜技术　4.50 元

大棚日光温室稀特菜栽培技术　10.00 元

日常温室蔬菜生理病害防治 200 题　9.50 元

新编棚室蔬菜病虫害防治　21.00 元

稀特菜制种技术　5.50 元

稀特菜保护地栽培　6.00 元

稀特菜周年生产技术	12.00元	题破解100法	8.00元
名优蔬菜反季节栽培(修订版)	22.00元	保护地害虫天敌的生产与应用	9.50元
名优蔬菜四季高效栽培技术	11.00元	保护地西葫芦南瓜种植难题破解100法	8.00元
塑料棚温室蔬菜病虫害防治(第二版)	6.00元	保护地辣椒种植难题破解100法	8.00元
棚室蔬菜病虫害防治(第2版)	7.00元	保护地苦瓜丝瓜种植难题破解100法	10.00元
北方日光温室建造及配套设施	8.00元	蔬菜害虫生物防治	17.00元
南方早春大棚蔬菜高效栽培实用技术	14.00元	蔬菜病虫害诊断与防治图解口诀	14.00元
保护地设施类型与建造	9.00元	蔬菜病虫害防治	15.00元
园艺设施建造与环境调控	15.00元	新编蔬菜病虫害防治手册(第二版)	11.00元
两膜一苫拱棚种菜新技术	9.50元	蔬菜植保员培训教材(北方本)	10.00元
保护地蔬菜病虫害防治	11.50元	蔬菜植保员培训教材(南方本)	10.00元
保护地蔬菜生产经营	16.00元	无公害果蔬农药选择与使用教材	7.00元
保护地蔬菜高效栽培模式	9.00元	蔬菜植保员手册	76.00元
保护地甜瓜种植难题破解100法	8.00元	蔬菜优质高产栽培技术120问	6.00元
保护地冬瓜瓠瓜种植难		果蔬贮藏保鲜技术	4.50元

以上图书由全国各地新华书店经销。凡向本社邮购图书或音像制品,可通过邮局汇款,在汇单"附言"栏填写所购书目,邮购图书均可享受9折优惠。购书30元(按打折后实款计算)以上的免收邮挂费,购书不足30元的按邮局资费标准收取3元挂号费,邮寄费由我社承担。邮购地址:北京市丰台区晓月中路29号,邮政编码:100072,联系人:金友,电话:(010)83210681、83210682、83219215、83219217(传真)。